AF375813

EXTRAIT DU BULLETIN DE LA SOCIÉTÉ GÉOLOGIQUE DE FRANCE,
2ᵉ série, t. XVI, p. 469, séance du 21 mars 1859.

Sur la dentition des proboscidiens fossiles (Dinotherium, Mastodontes *et* Éléphants) *et sur la distribution géographique et
stratigraphique de leurs débris en Europe*; par M. Lartet
(Pl. XIII, XIV et XV).

L'ordre des proboscidiens, réduit aux seuls Éléphants dans la
nature vivante, a été bien plus largement représenté dans divers
âges géologiques qui ont précédé l'époque actuelle. Non-seule-
ment on a trouvé à l'état fossile les restes de plusieurs espèces
éteintes d'Éléphants, mais encore les paléontologistes s'accordent

1859

généralement aujourd'hui à grouper dans ce même ordre d'autres grands animaux appartenant à deux types génériques distincts ; ce sont les Mastodontes et les Dinotherium.

Les analogies qui relient entre eux les trois genres Éléphant, Mastodonte et Dinotherium se montrent surtout dans le plan général assez uniforme de leur squelette et dans la composition de leur système digital ; d'autre part, les caractères sur lesquels on peut le mieux établir les distinctions tant génériques que spécifiques des animaux de ce groupe se manifestent plus nettement dans l'appareil dentaire, dont la composition, les formes, la structure, aussi bien que le mode de développement, offrent de nombreuses variations dans les divers genres et espèces.

C'est donc principalement par la considération du système dentaire chez les proboscidiens fossiles que nous devons chercher à établir entre eux des distinctions faciles à saisir, et dont la notion pratique puisse, dans certains cas, être de quelque utilité aux géologues. En effet, l'apparition des animaux de cet ordre ayant été successive dans notre Europe tertiaire et quaternaire, leur diagnose différentielle acquiert une grande importance pour la détermination stratigraphique, et pour les relations de synchronisme des assises et formations diverses dans lesquelles leurs ossements ont été originairement enfouis. La distribution géographique des espèces propres à chaque âge distinct fournira également des indications approximatives sur l'extension de notre continent à l'époque où ces espèces ont vécu.

Les proboscidiens des trois genres Dinotherium, Mastodonte et Éléphant, sont pourvus de deux incisives exertes ou développées en défenses. Les défenses des Mastodontes et des Éléphants sont implantées dans les intermaxillaires supérieurs ; celles des Dinotherium naissent de la symphyse de la mâchoire inférieure dont l'extrémité recourbée en bas imprime la même direction aux défenses. Ces sortes de dents n'ont point de racines distinctes ; la partie de leur couronne qui reste engagée dans les alvéoles offre constamment une cavité destinée à loger leur bulbe producteur qui est persistant ; car ces défenses s'usant par leur extrémité fonctionnelle continuaient à croître pendant une grande partie de la vie de l'animal.

Les défenses sont ordinairement de forme cylindroïde, à courbe plus ou moins prononcée, et quelquefois contournées en spirale. Leur noyau d'ivoire est recouvert d'une mince enveloppe de *cément* ou *cortical*. Chez certains Mastodontes, il s'y ajoute, sur l'une des faces seulement de la dent, une bande longitudinale d'émail à structure très distincte de celle de l'ivoire et du cortical.

La structure intime de l'ivoire est, à peu de chose près, la même dans les défenses des Mastodontes que dans celles de nos Éléphants vivants ; leur coupe transverse montre sur son plan des stries multipliées et curvilignes qui s'entrecroisent en *guilloché*.

L'ivoire des défenses du Dinotherium ne laisse apercevoir ni guilloché ni stries d'aucune façon, et l'on trouve, dans cette différence de structure, un moyen pratique de distinguer à première vue le plus petit fragment de défense de Dinotherium d'avec tout autre morceau rapportable aux dents de même sorte dans les Éléphants ou les Mastodontes.

Dans quelques espèces de Mastodontes, la symphyse plus ou moins prolongée de la mâchoire inférieure est également armée d'une paire d'incisives tantôt rudimentaires et caduques, tantôt permanentes et fonctionnelles. Ces dernières, s'usant par leur pointe, sont à croissance continue ; leur couronne, qui reste profondément engagée dans la symphyse, est creusée d'une cavité pour recevoir un bulbe persistant.

L'absence des canines est constante dans les trois genres ; c'est surtout par la forme des dents mâchelières (1) et par leurs proportions que se traduisent le mieux les différences génériques entre les proboscidiens.

Celles des Dinotherium sont pour la plupart rectangulaires et presque carrés ; leur couronne, qui est divisée en collines à crête transverse et continue, reproduit assez bien les formes propres aux mâchelières des Tapirs. Aussi Cuvier, qui n'avait eu à sa disposition que quelques molaires isolées de ces grandes espèces perdues, se trouva-t-il conduit à les désigner provisoirement par le nom de *Tapirs gigantesques*, en conformité même des règles de corrélation organique dont il a si souvent fait une heureuse application.

Les mâchelières des Mastodontes que les premiers observateurs

____

(1) La dénomination de *mâchelière* peut s'appliquer à toutes les dents qui prennent place *successivement* ou *simultanément* sur chaque branche de maxillaires, tant supérieures qu'inférieures, dans la *première* comme dans la *seconde* dentition. A l'exemple de M. Owen, j'emploierai le mot *prémolaire* pour désigner les mâchelières de seconde dentition, qui remplacent, par *évolution verticale*, les mâchelières de lait. J'appellerai *vraies molaires*, ou simplement *molaires*, les mâchelières de seconde dentition qui se développent dans l'arrière des maxillaires, et qui, dans la plupart des proboscidiens, viennent, par *progression horizontale*, prendre la place des mâchelières de lait, ou bien celle des *prémolaires*, chez les espèces qui ont de ces sortes de dents.

avaient rapprochées de celles de l'Hippopotame, offrent, en effet, une structure analogue, mais avec plus de complication dans les éléments dont elles se composent.

Elles diffèrent de celles des Dinotherium en ce que leur couronne présente généralement un plus grand nombre de divisions transverses, tantôt en collines à crête tranchante, tantôt en groupes de mamelons plus ou moins alignés. De plus, chacune des collines ou rangées de mamelons de leurs mâchelières offre, dans son milieu, une fente ou scissure pénétrante qui produit une ligne de bisection longitudinale de la couronne, interrompue seulement dans la traverse des vallons intermédiaires aux collines (1). Cette scissure, qui s'efface en partie avec le temps, est très apparente dans les dents qui ne sont pas encore entamées par la détrition. On ne la retrouve pas dans les mâchelières des Dinotherium dont les collines sont à crêtes continues et uniformément crénelées; elles n'existent pas non plus dans les dents des Éléphants.

Ces derniers ont en général leurs mâchelières composées de lames verticales très nombreuses, et dont les sommets digités deviennent bientôt confluents par l'effet de la mastication des aliments. Leur couronne présente alors une suite de rubans transverses plus ou moins larges, et à bords émailleux plus ou moins festonnés, suivant les espèces (2).

La composition des mâchelières, leur mode d'implantation et la durée de leur croissance, sont aussi très loin de se ressembler dans les trois genres des proboscidiens.

Les mâchelières des Éléphants sont composées de trois substances : le noyau osseux ou *dentine* qui constitue la partie interne des lames ; l'*émail* qui recouvre immédiatement la dentine, et une troisième substance, le *cément*, qui remplit les intervalles compris entre les lames.

Dans les Dinotherium et dans les Mastodontes, en général, la couronne des mâchelières ne laisse apercevoir que deux substances, la dentine et l'émail toujours épais qui la recouvre. Cependant dans les dents d'un Mastodonte de l'Amérique du Sud (*M. Hum-*

---

(1) C'est un caractère que M. Falconer a justement signalé comme étant essentiellement distinctif des proboscidiens qui rentrent dans le genre Mastodonte.

(2) MM. Falconer et Cautley ont fait figurer, dans les planches du magnifique atlas de la *Fauna antiqua sivalensis*, des crânes de plusieurs Éléphants (du sous-genre *Stegodon*), dont les mâchelières présentent des caractères transitionnels aux Mastodontes, tant par le nombre que par la forme des divisions de leur couronne.

boldtii) et dans une autre espèce de la faune asiatique des monts Sivalick (*M. perimensis*), le cément se montre en quantité notable dans le fond des vallons qui séparent les rangées de mamelons.

L'accroissement de la couronne s'arrête, dans les mâchelières du Dinotherium, du moment que ces dents ont pris leur position fonctionnelle sur le bord alvéolaire, dans lequel elles se trouvent alors fixées par des racines distinctes.

Il en est de même chez toutes les espèces de Mastodontes qui ont aussi la couronne de leurs mâchelières renflée au collet, et quelquefois cernée à la base interne par un bourrelet saillant plus ou moins continu.

Chez les Éléphants, au contraire, la couronne des mâchelières, déjà en exercice, reste en partie engagée dans sa cavité alvéolaire et même dans l'arrière de la mâchoire. Ces dents continuent à croître après que leur sommet est déjà usé par la mastication. Il arrive même, quand l'animal entre dans la phase terminale de la dentition, que sa dernière molaire a les lames antérieures entamées par la détrition, avant que les postérieures soient réunies par leur base commune.

D'autres différences non point importantes restent à signaler en ce qui touche le nombre des mâchelières, l'ordre de leur évolution et leur persistance fonctionnelle plus ou moins prolongée.

Dans le jeune âge du Dinotherium, chaque branche de ses maxillaires portait trois mâchelières de lait. Pendant que cette première dentition était en exercice, il se développait en arrière une première molaire de seconde dentition (*la première vraie molaire*), puis une seconde dont la sortie devait coïncider avec la chute des dents de lait.

La première mâchelière de lait tombait sans être remplacée d'aucune façon ; mais la deuxième et la troisième étaient remplacées par deux dents à évolution verticale, c'est-à-dire deux *prémolaires* toujours plus simples que les dents auxquelles elles succédaient. Enfin la sortie subséquente de la dernière molaire ou dent de sagesse venait compléter la série des cinq mâchelières de seconde dentition en exercice simultané et toutes permanentes dans le genre *Dinotherium*. C'est absolument, sauf la suppression d'une prémolaire, la marche normale de la dentition chez la plupart des herbivores.

Les Mastodontes avaient également trois mâchelières de lait ; mais leur chute plus précoce précédait constamment l'évolution de la deuxième *vraie molaire*. Chez certaines espèces, il n'y avait point de remplacement pour les mâchelières de lait ; dans d'autres

espèces, deux seulement de ces mâchelières, la deuxième et la
troisième, étaient remplacées ; mais dans ce cas même, l'apparition
des prémolaires en série fonctionnelle n'était que temporaire ;
elles tombaient à leur tour avant la sortie de la dernière molaire ;
de sorte que, dans les premières phases transitoires de cette dentition, il n'y avait jamais plus de trois mâchelières en exercice
simultané sur chaque branche de maxillaire. Plus tard, le nombre
se réduisait à deux, et finalement la dernière molaire, chassant à
son tour la pénultième, restait seule pour occuper le bord alvéolaire, ce qui réduisait à quatre mâchelières en tout l'appareil dentaire de l'animal arrivé à la seconde moitié de son existence.

Dans les espèces du genre Éléphant, on peut considérer les trois
premières mâchelières qui se développent successivement sur
chaque branche de maxillaire comme étant les analogues des mâchelières de lait des Dinotherium et des Mastodontes (1). Aucune
de ces dents n'est remplacée par de véritables *prémolaires* (2), et
l'évolution des molaires, plus fractionnée encore que chez les
Mastodontes, ne laisse jamais deux de ces dents en exercice simultané par la surface entière de leur couronne. Le développement
successif de la série totale des mâchelières s'effectue dans les Éléphants uniquement par voie de progression horizontale, combinée
avec l'accroissement des dents qui se continue, même après
qu'elles sont entrées en exercice. Il en résulte que l'apparition de
la dernière molaire sur la gencive n'a lieu, chez l'Éléphant actuel
de l'Inde, qu'à l'âge de cinquante ans environ, c'est-à-dire longtemps après l'ossification complète du squelette. L'évolution de
cette dent est peut-être un peu moins retardée dans l'Éléphant
d'Afrique, et il est probable qu'elle était plus avancée chez les
Mastodontes. Quant aux *Dinotherium*, nous avons déjà vu que la
marche de leur dentition s'effectuait dans les mêmes conditions
que chez les herbivores en général.

On pourrait induire de cette diversité dans la durée de l'évolution dentaire, chez ces animaux, la nécessité de modifications
concomitantes dans leur régime diététique, d'autant qu'il y a

---

(1) Corse, qui a publié d'excellentes observations sur la dentition
de l'Éléphant d'Asie, rapporte que les incisives caduques et les premières mâchelières sont nommées, par les Indiens, *dood-kau-daunt*,
ce qui signifie littéralement *dents de lait*.

(2) MM. Falconer et Cautley ont signalé (*Fauna antiqua sivalensis*) l'existence de deux *prémolaires*, ou dents de remplacement vertical, chez un Éléphant fossile (*E. planifrons*) de cette ancienne
faune de l'Asie.

une disproportion énorme entre les dents des Dinotherium, par exemple, et celles des Éléphants, la dernière molaire seule de ceux-ci renfermant certainement plus de substance triturante que la série totale des cinq mâchelières dans les plus grands *Dinotherium*.

Comme j'ai l'intention de joindre, autant que possible, à la caractéristique des genres et des espèces fossiles du groupe des proboscidiens, des indications plus ou moins précises sur leur distribution géographique et stratigraphique, je crois devoir rappeler que, par la considération des faunes continentales, on est conduit à distinguer, dans l'étage tertiaire moyen ou *miocène*, trois phases zoologiques successives. Chacune de ces phases, caractérisée par une association d'espèces particulières, serait ainsi, jusqu'à un certain point, limitée dans un des trois horizons qui correspondraient aux *miocène inférieur*, *miocène moyen* et *miocène supérieur*.

Le *miocène inférieur* comprend, en France, des dépôts fossilifères de l'âge des calcaires de la Beauce et des sables de Fontainebleau qui se montrent très riches en débris de mammifères dans les bassins de l'Allier et de la Loire supérieure. On retrouve leurs équivalents géologiques dans le bassin de la Garonne où ils se voient en amont de Toulouse jusque dans la vallée de l'Ariége. Il y a quelques lambeaux du même terrain dans le bas Languedoc et dans la Provence aux environs de Marseille.

En Angleterre, les couches à *Hyopotamus* de l'île de Wight se rapporteraient au même niveau.

Dans le bassin de Mayence, ce sont les gisements de *Weizeneau* et de *Monbach*, caractérisés par une faune analogue à celle du bassin de l'Allier, en France.

Cette faune trouve des représentants en Suisse dans certains lignites placés à la base de la mollasse coquillière, et l'on suit ses traces jusque dans le bassin du Danube.

Enfin, les lignites de Cadibona et autres localités dans le Piémont nous fournissent des types bien caractérisés de ces assises du miocène inférieur.

Le *miocène moyen* a pour type, en France, les faluns de la Touraine et les graviers de l'Orléanais, dont M. Desnoyers a le premier constaté l'âge et les relations synchroniques. Dans le sud-ouest, les faluns de Bordeaux, le dépôt de Sansau, les sables de Simorre et la majeure partie du massif tertiaire des bassins supérieurs de la Garonne et de l'Adour appartiennent à cette période, qui comprend également certains lignites de la Bresse et d'autres gisements analogues dans le bassin du Rhône.

En Suisse, ce sont les lignites de Kœphnach et des environs de Zurich, la mollasse d'eau douce de Winterthur, les calcaires de la Chaux-de-Fonds.

Les assises du miocène moyen se retrouvent riches en mammifères fossiles à Georgensmund, dans la Bavière ; elles se prolongent dans le bassin du Danube aux environs de Vienne. Leur présence, vaguement indiquée dans la Bohême, a été vérifiée avec plus de certitude en Silésie où l'on a trouvé des mammifères identiques avec certaines espèces des faluns de la Touraine et de Sansan.

En Espagne, le miocène moyen est largement représenté dans la région centrale et élevée de la Péninsule ; on peut ramener à cet horizon, mais avec moins de certitude, les argiles marneuses de *San-Isidro*, près de Madrid, et les lignites de *Brihuega* dont la faune renferme quelques espèces empruntées à l'âge précédent.

Le *miocène supérieur* n'aurait jusqu'à présent d'autres représentants en France que les gîtes fossilifères de Cucuron (Vaucluse), de Saint-Jean-de-Bourney? (Isère) et autres localités du bassin du Rhône.

En Suisse, on pourrait considérer comme étant du même âge le dépôt si célèbre d'OEningen, bien que l'on y ait recueilli les restes d'un Mastodonte (*M. tapiroides*), limité partout ailleurs dans le miocène moyen. En Toscane, dans le val d'Arno supérieur, les argiles bleues sous-jacentes aux couches où commencent à se montrer les restes du *M. arvernensis* seraient peut-être aussi du même âge que les marnes d'OEuingen (1).

C'est à ce même niveau que me paraîtrait remonter, comme l'a dit également M. Pomel, la faune *dinothérienne* d'Eppelsheim, dans la Hesse rhénane. Les espèces les plus caractéristiques de cette faune se sont retrouvées à Pikermi, au pied du mont Pentélique, en Grèce.

Les assises du miocène supérieur semblent prendre une plus grande extension à mesure que l'on marche vers l'Europe orientale, où elles sont encore indiquées par quelques jalons paléonto-

---

(1) M. le marquis Strozzi a bien voulu m'informer tout récemment qu'il a lui-même recueilli, dans le val d'Arno supérieur, aux environs de San-Giovanni, deux molaires de *M. angustidens*. Ces dents ont été trouvées dans les argiles bleues qui sont placées, dit-il, sous les couches où l'on rencontre les restes de *M. arvernensis*. La collection Targioni renferme une dent de *M. pyrenaicus* provenant également du val d'Arno supérieur, aussi bien qu'une autre molaire de la même espèce, qui a été vue, dans le Musée de Pise, par M. Falconer.

logiques dans la Turquie d'Europe et dans la Russie méridionale.

C'est également à cet âge que semblerait appartenir, par son faciès général, la faune si remarquable des monts Sivalick dont un Éléphant (*Stegodon insignis*) aurait même passé, suivant M. Falconer, dans la faune *pliocène* de la vallée de la Nerbudda.

Quant à l'étage supérieur tertiaire ou *pliocène*, dans lequel on a cru pouvoir également établir des assises paléontologiques distinctes, les proboscidiens propres à cette période ne s'y montrent pas dans des circonstances d'association généralement constantes, comme dans l'étage précédent.

Dans la caractéristique qui va suivre, j'ai cru pouvoir me dispenser de rappeler toutes les désignations *nominales* appliquées aux différentes espèces, comme aussi d'en apprécier la valeur synonymique. J'ai pensé qu'il serait plus utile d'indiquer dans les divers auteurs les pièces figurées qui m'ont paru devoir être rapportées à chaque espèce en particulier. Quant à la nomenclature spécifique afférente aux genres *Mastodon* et *Elephas*, elle est à peu près conforme à celle adoptée par mon savant ami, M. Falconer, avec qui, du reste, j'avais eu occasion d'en discuter la convenance.

Genre *Dinotherium*, Kaup (Tapir gigantesque, Cuv.).

$$\text{Première dentition : inc. } \frac{0?\ 0?}{1-1},\ \text{mâch. } \frac{3-3}{3-3} = 14.$$

Série supérieure. — Incisives supérieures nulles ou rudimentaires.

Première mâchelière de lait à couronne triangulaire, avec éminence interne isolée et à sommet comprimé en crête oblique, contournée à sa base antérieure par un cordon crénelé qui se relève en crête marginale, épaisse, arrondie et bifide au sommet externe; talon postérieur en contre-bas, avec denticule à l'angle externe.

Deuxième de lait à couronne carrée, avec deux collines transverses et reliées à une crête marginale externe dont l'échancrure médiane correspond au vallon séparatif des collines.

Troisième de lait à couronne rectangulaire, plus longue que large, portant trois collines transverses, à crêtes bordées de crénelures qui se continuent en arête récurrente sur le flanc postérieur de chaque colline, ce qui les rend un peu concaves en arrière.

2

Série inférieure. — Incisives de lait non observées, mais théoriquement admises.

Première mâchelière de lait à lobe principal, tantôt simple et comprimé, tantôt bifide, avec talon postérieur surbaissé et également diversiforme.

Deuxième de lait, à couronne plus longue que large, rétrécie en avant, portant deux collines transverses, avec crête récurrente en avant et concavité dirigée dans le même sens.

Troisième de lait, à couronne un peu contractée en avant, portant, comme son homologue supérieure, trois collines dont la concavité regarde en avant, c'est-à-dire en sens inverse de ce qui a lieu dans la supérieure.

$$\text{Seconde dentition : inc.} \ \frac{0-0}{1-1}, \ \text{prém.} \ \frac{2-2}{2-2}, \ \text{mol.} \ \frac{3-3}{3-3} = 22.$$

Série supérieure. — Incisives nulles (ou rudimentaires et caduques, Laurillard).

Première prémolaire à couronne aussi large que longue, contournée à sa base par un collet saillant, mais souvent interrompu ; deux éminences internes dont l'antérieure seule se relie par sa base à une crête marginale épaisse que la détrition échancre dans son milieu.

Deuxième prémolaire plus large que longue, à deux collines transverses rattachées à une crête marginale également échancrée dans le prolongement du vallon intermédiaire aux collines.

Première molaire supérieure, à couronne rectangulaire, portant, comme la troisième de lait, trois collines transverses à crête continue, dont les crénelures se prolongent en arête récurrente sur le flanc postérieur des collines. La troisième ou dernière colline de cette dent est, dans certaines espèces, sensiblement plus étroite que les précédentes. Talon antérieur et postérieur en bourrelet crénelé ; ce dernier un peu plus fort.

Deuxième molaire à couronne carrée, c'est-à-dire aussi large que longue, portant seulement deux collines transverses, avec talon antérieur et postérieur.

Troisième et dernière molaire à couronne carrée, avec deux collines dont la postérieure a un peu moins d'étendue transverse ; son arête récurrente est plus prolongée et plus en saillie sur le flanc postérieur.

Série inférieure. — Incisives développées en défenses plus ou moins fortes (suivant les espèces ?), de forme cylindroïde, et re-

courbées en bas comme la symphyse mandibulaire dans laquelle
elles sont implantées en contiguïté ; la partie engagée dans les
alvéoles avec cavité pour recevoir un bulbe persistant ; la partie
exerte uniformément recouverte d'une enveloppe de cortical et
sans émail sur aucune de leurs faces ; leur coupe transverse don-
nant une surface unie, sans apparence du *guilloché* caractéristique
de l'ivoire des Éléphants et des Mastodontes.

Première prémolaire à lobe antérieur surélevé, simple et comprimé en coin ou bifide, ou bien encore à sommet dilaté en crête
oblique ; talon élargi en contre-bas et également diversiforme
(suivant les espèces?).

Deuxième prémolaire à deux collines transverses, avec arête
récurrente et concavité tournée en avant. Talon postérieur saillant et crénelé. L'antérieur peu senti et le plus souvent nul.

Première molaire à trois collines, dont la dernière plus ou
moins rétrécie suivant les espèces, avec arête récurrente et concavité en avant ; talon crénelé en arrière.

Deuxième molaire à deux collines transverses et talon crénelé
en arrière.

Troisième molaire à deux collines comme la précédente, mais
avec un talon plus développé, tantôt dilaté en crête surabaissée à
plusieurs crénelures, tantôt contracté, convexe et déjeté en arrière.

Les proportions diamétrales de la couronne fournissent un très
bon moyen pratique de distinguer les molaires supérieures des
Dinotherium d'avec celles de la mâchoire inférieure. Celles-ci
sont toujours plus longues que larges, tandis que la couronne des
supérieures, sauf celle de la première *molaire* à trois collines, est
aussi large que longue. De plus, comme on l'a déjà vu ci-dessus,
les supérieures ont leurs arêtes récurrentes et la concavité des
collines tournées en arrière ; c'est l'inverse dans les inférieures.

Dans les Dinotherium, la première vraie molaire, qui est la
plus compliquée, occupe le milieu de la série des mâchelières ;
dans les Mastodontes, dans les Éléphants et dans tous les herbivores qui ont une molaire plus compliquée que les autres, cette
dent est constamment terminale de la série. Il n'y a que certains
carnivores chez lesquels on retrouve la mâchelière la plus compliquée occupant le milieu de la série. Ce rapprochement avait
frappé M. Laurillard.

1. *Dinotherium giganteum*, Kaup.
  D. proavum ?, Eichwald.

Espèce de grande taille, à défenses de moyenne grosseur ?. Les trois collines de la première vraie molaire subégales en largeur. La dernière molaire inférieure avec talon dilaté transversalement en crête crénelée, peu convexe en arrière. La branche dentaire de la mandibule comprimée de droite à gauche et la symphyse très prolongée?. Le bord inférieur de cette branche dentaire rectiligne et se relevant à angle droit pour former la branche montante. Membres plus élancés que ceux des autres proboscidiens en général.

Distribution géographique. — Hesse rhénane, à Eppelsheim, gisement des pièces typiques de l'espèce. En France, Saint-Jean-de-Bournay? (Isère) et autres localités du bassin du Rhône?; Grèce, à Pikermi, au pied du mont Pentélique, avec association zoologique analogue à celle d'Eppelsheim. Podolie, à Rachnow (sp.?).

Horizon géologique. — Miocène supérieur.

Voir pour les dents figurées qui me paraissent rapportables à cette espèce :

Kaup, *Oss. foss. de Darmst.*, 1re livr., pl. I et add., fig. 1 à 5 ; pl. II, fig. 1 à 6; pl. III, fig. 4, 5, 6, 8 : pl. V, fig. 4.
H. de Meyer, *Nov. act. Ac. nat. cur.*, XVI, p. 2, pl. XXXIV, fig. 4 à 9; pl. XXXV, fig. 1 à 3.
Eichwald, *Nov. act. Ac. nat. cur.*, XVII, p. 2, pl. LVI, pl. LVII, pl. LX, fig. 1 à 5?.
A. Wagner, *Mém. Ac. de Munich*, 1857, pl. VII, fig. 17.
Cuvier, *Oss. foss.*, 1825, *An. vois. des Tapirs.* pl. II, fig. 2, sp.?.
Blainville, *Ostéog. g. Dinoth.*, pl. I, ex Kaup; pl. III, ex Eichwald, *Din. proavum?.*
Réaumur, *Mém. Ac. r. des sc.*, 1715, p. 202, pl. VIII, fig. 17 et 18?.
Rozier (l'abbé), *Journal de physique*, 1772, t. I, p. 435, avec fig. ?.

2. *Dinotherium*, sp.?, peut-être espèce distincte de la précédente, remarquable par le volume de ses défenses (1m,30 de long sur 0m,68 de tour). Quelques différences dans les premières et dernières molaires. La dernière molaire inférieure, décrite et figurée par M. l'abbé Canéto, a son talon postérieur plus convexe que celui du *Dinotherium giganteum*, mais moins contracté que dans la dent homologue du *Dinotherium Bavarium?*.

Distribution géographique. — Bassin supérieur et inférieur de la Garonne et de l'Adour; près d'Aurillac, dans le Cantal? ; faluns de la Touraine et graviers de l'Orléanais?.

Horizon géologique. — Miocène moyen.

Voir pour les dents figurées qui me paraissent rapportables à cette espèce douteuse :

> Mermet, *Bull. de la Soc. des sc. et arts de Pau*, 1841, 3ᵉ liv., pl. I, fig. 2, 3, 6 et 7.
> Blainville, *Ostéog. g. Dinoth.*, pl. III, sup. 1ᶜ, 3ᵇ, 5ᵃ; inf. 1ₐ, 4ᵃ, 4ᵇ.
> Caneto (l'abbé), *Descript. d'une dent m. de Dinoth.*, *Annal. de philos. chrét.*, t. XIV, n° 84, p. 440, fig.

3. *Dinothérium bavaricum?*, H. de Meyer.
   D. intermedium, Blainville.

Espèce de taille moins forte, à symphyse mandibulaire moins prolongée que dans le *D. giganteum*; la branche dentaire de la mâchoire inférieure plus épaisse et à bord inférieur moins rectiligne; trous mentonniers plus reculés; le talon de la dernière molaire inférieure contracté, subconique et déjeté en arrière.

Distribution géographique. — France : bassin supérieur de la Garonne, faluns de la Touraine et sables de l'Orléanais. Bavière : bassin de Vienne, Moravie.

Horizon géologique. — Miocène moyen.

Voir pour les pièces rapportables à l'espèce :

> H. de Meyer, *Nov. act. Ac. nat. cur.*, XVI, p. 2, pl. XXXIV, fig. 12 à 15; pl. XXXVI, fig. 10, 11, 16, 17.
> Kaup, *Oss. foss. de Darmst.*, pl. III, fig. 9; pl. V, fig. 1 à 4.
> Blainville, *Ostéog. g. Dinoth.*, pl. I, *Din. gig. (intermedium)*; pl. II, ex Meyer, *D. bav.*; pl. III, *D. intermed.*
> Sœmmering, *Mém. Ac. des sc. de Munich*, t. VII, pl. II, fig. 5 et 6.
> Kennedy, *Mém. Ac. de Munich*, 1785, pl. II, fig. 6.

4. *Dinotherium Cuvieri*, Kaup.

Mâchelières de dimensions quelquefois moitié moindres que celles du *Dinotherium giganteum*. Mandibule moins comprimée et à angle postérieur obtus (Laurillard). Molaires à couronnes plus longues à proportion (Blainville). La première prémolaire inférieure à lobe antérieur bifide ou dilaté en crête oblique. La dernière molaire à talon épais, convexe et déjeté en arrière, mais moins contracté que dans l'espèce précédente. Dans ces deux dernières espèces qui n'en font peut-être qu'une, la première vraie molaire a sa troisième colline plus étroite que les deux antérieures (1).

---

(1) On remarquera que sur ces quatre espèces de *Dinotherium*,

Distribution géographique. — France : bassin supérieur et inférieur de la Garonne ; faluns de la Touraine et sables de l'Orléanais.
Horizon géologique. — Miocène moyen.
Voir pour les morceaux rapportables à cette espèce :

Cuvier, *Oss. foss.*, 1825, *Anim. vois. des Tapirs*, pl. III, fig. 7 ;
    pl. IV, fig. 1, 2 et 5 ; fig. 3 et 4 sp. ?.
Blainville, *Ostéog.* g. *Dinoth.*, pl. I ; *Din. Cuvieri* ; pl. III, *Din. Cuvieri.*
Gervais, *Zool. et pal. franç.*, texte, p. 41, fig. 3 et 4.

Nota. Le *Dinotherium uralense*, Eichwald, repose sur une dent figurée par Pallas (*Act. pétrop.*, 1777, p. 2, pl. IX, fig. 4) qui la rapprochait de l'*animal inconnu* (le Mastodonte de l'Ohio) dont quelques dents avaient été publiées et décrites par les naturalistes de ce temps. Cuvier, en mentionnant cette dent, la rapporte également au genre Mastodonte, et c'est le rapprochement qui me paraît le plus admissible.

Genre *Mastodon*, Cuvier.

Dans le genre Mastodonte, la formule dentaire varie suivant les espèces. Il y a des espèces qui sont pourvues d'incisives inférieures, d'autres qui n'en ont pas. Chez certaines espèces, deux mâchelières de lait dans chaque branche de maxillaires sont remplacées par des dents à évolution verticale, c'est-à-dire des *prémolaires*, tandis que les prémolaires ne se développent point dans d'autres espèces.

Le nombre des divisions transverses de la couronne des mâchelières n'est pas non plus le même dans toutes les espèces. Chez certaines, les mâchelières intermédiaires (1) se composent

---

j'en inscris deux avec doute, et l'une d'elles, même, sans désignation nominale. Le nombre des espèces proposées par les auteurs, peu après l'institution du genre, a été bien plus considérable. Plus tard, il y a eu réaction en sens restrictif, et quelques paléontologistes se sont montrés disposés à n'admettre qu'une seule espèce de *Dinotherium*, avec des variations de taille, allant quelquefois du simple au double. Il est cependant peu vraisemblable qu'un type qui a pris une grande extension en Europe, et qui a vécu dans deux périodes ou phases zoologiques distinctes (miocène moyen et miocène supérieur), n'y ait été représenté que par une seule espèce.

(1) On entend par *mâchelière intermédiaire* la dernière de lait et les première et deuxième molaires, dont la couronne présente toujours,

uniformément de trois collines ou rangées de mamelons (sous-genre : *Trilophodon* de Falconer) ; dans d'autres, les mêmes mâchelières offrent constamment quatre rangées de mamelons (sous-genre : *Tetralophodon* de Falconer). Dans les espèces de la première section (*Trilophodon*), la deuxième de lait n'a que deux collines ou rangées transversales ; la dernière molaire en a quatre. Dans les espèces de la deuxième section (*Tetralophodon*), la deuxième de lait porte trois rangées de mamelons, et la dernière *molaire* en a cinq.

Dans les Mastodontes des deux sections, la composition des premières de lait est uniforme, sauf quelques variations accidentelles de détail. Les prémolaires, lorsqu'il s'en développe, sont également construites sur un plan uniforme dans les espèces des deux sections, et leur couronne n'a jamais plus de deux divisions transverses.

Ces généralités une fois exprimées, je me bornerai à indiquer par la formule d'usage les variations que manifeste la dentition des deux âges dans les espèces de ce genre, pour passer ensuite à la diagnose de chaque espèce en particulier.

Formule dentaire du genre Mastodon.

$$\text{Première dentition.}\begin{cases} \text{inc.}\ \dfrac{1-1}{1-1},\ \text{mâch.}\ \dfrac{3-3}{3-3} = 16. \\[2ex] \text{ou inc.}\ \dfrac{1-1}{0-0},\ \text{mâch.}\ \dfrac{3-3}{3-3} = 14. \end{cases}$$

$$\text{Deuxième dentition.}\begin{cases} \text{inc.}\ \dfrac{1-1}{1-1},\ \text{prém.}\ \dfrac{2-2}{2-2},\ \text{mol.}\ \dfrac{3-3}{3-3} = 24. \\[2ex] \text{ou inc.}\ \dfrac{1-1}{1-1},\ \text{prém.}\ \dfrac{0-0}{0-0},\ \text{mol.}\ \dfrac{3-3}{3-3} = 16. \\[2ex] \text{ou inc.}\ \dfrac{1-1}{0-0},\ \text{prém.}\ \dfrac{0-0}{0-0},\ \text{mol.}\ \dfrac{3-3}{3-3} = 14. \end{cases}$$

1. *Mastodon Borsoni*, Hays.
   M. tapiroïdes, Blainv., pro. part.
   M. Buffonis, Pomel.
   M. Vellavus ou *Vialetti*, Aymard.

Première dentition inconnue.

---

chez les Mastodontes, le même nombre de divisions, en collines ou en rangées de mamelons.

Pénultième molaire supérieure, à couronne rectangulaire, très large à proportion de sa longueur, avec trois collines transverses posées à angle droit sur la couronne. Les crêtes des collines subtranchantes et échancrées de plusieurs entailles dont la principale répond à la scissure médiane de bisection qui est moins indiquée que dans les autres espèces. L'arête récurrente signalée dans les mâchelières du Dinotherium reparaît ici moins saillante, mais se montrant sur les deux flancs de chaque colline où elle descend moins obliquement vers le fond des vallons. Ceux-ci, moins évasés que dans les molaires du Dinotherium, sont cependant très ouverts et restent constamment libres. La hauteur des collines ne dépasse pas le diamètre antéro-postérieur de leur base ; il n'y a point de bourrelet saillant du côté interne au bas de la couronne, mais seulement un cordon de perlures rarement continu, qui rejoint un talon crénelé plus saillant en arrière qu'en avant.

La dernière molaire supérieure, à couronne large également à proportion de sa longueur ; portant quatre collines dont les trois premières subégales en largeur ; la quatrième, surbaissée et sensiblement rétrécie, est suivie d'un talon crénelé qui rejoint la pointe interne de la dernière colline.

La pénultième inférieure à couronne rétrécie en avant, portant trois collines posées un peu obliquement de dedans en dehors et en arrière, avec cordon de perlures à la base externe, et talon crénelé en avant comme en arrière.

La dernière molaire inférieure à quatre collines sensiblement obliques. Les trois premières subégales ; la quatrième, moins contractée que son homologue supérieure, est suivie d'un talon ordinairement trifide et nettement détaché (1).

Les molaires de cette espèce présentent accidentellement, à l'entrée des vallons séparatifs de leurs collines, de petites éminences où saillies d'émail en forme de grosse verrue, que Pallas avait remarquées et parfaitement caractérisées dans la dent figurée (art. *Petrop.*, 1777, p. 2, pl. IX, gig. 4). M. Eichwald a attribué cette dent à un Dinotherium (*D. uralense*) ; elle me paraîtrait plutôt rapportable au *Mastodon Borsoni*.

Le *Mastodon Borsoni* diffère du *M. ohioticus* par une plus grande largeur proportionnelle de ses molaires, par la hauteur

---

(1) Il y aurait dans cette espèce des incisives inférieures, d'après l'observation qu'a faite M. Jourdan, d'un reste d'alvéole dans la symphyse d'une mâchoire provenant d'un sujet adulte.

moindre de ses collines comparée à l'épaisseur de leur base, et
également par la saillie moins accusée des arêtes récurrentes sur
le flanc de chaque colline, ce qui fait que la détrition ne produit
pas sur les dents du *Mastodon Borsoni* des lozanges aussi définis
que sur celles de l'espèce de l'Ohio (1).

Distribution géographique. — France, alluvions sous-volcaniques inférieures de l'Auvergne et du Vélay, avec le *Mastodon
arvernensis* et le *Rhinoceros megarhinus* ; Autrey (Haute-Saône),
dans les exploitations de minerai de fer d'alluvion avec le même
Rhinocéros. Piémont, dans la province d'Asti, avec le *Mastodon
arvernensis*, l'*Elephas meridionalis* et l'*E. antiquus*. Toscane, val
d'Arno?. — Valachie (une molaire inférieure donnée au Muséum
par le prince Bibesco Brancovano). Petite-Tartarie (la dent donnée à Buffon par le comte de Vergennes, et figurée pl. I et II dans
les *Époques de la nature*). Russie d'Europe, sur les pentes de
l'Oural, d'après le fragment figuré par Pallas (art. *Petrop.*, 1777,
pl. IX, fig. 4). Enfin dans le nord de l'Asie, si l'on peut attri-
buer à cette espèce la dent figurée aussi par Buffon (*Ép. de la
nat.*, pl. III), comme ayant été rapportée de Sibérie par l'abbé
Chappe.

Horizon géologique. — Pliocène. En France, dans les assises
inférieures à celles où l'on a trouvé l'*Elephas meridionalis;* en
Italie, ordinairement accompagné de cet Éléphant; en Russie,
dans les couches plus profondes (*profundioribus stratis*), dit Pallas,
que celles où l'on trouve les Éléphants.

Voir pour les dents rapportables à l'espèce :

Buffon, *Ép. de la nature*, pl. I, pl. II. pl. III.
Pallas, *Act. petrop.*, 1777, p. 2, pl IX, fig. 4.
Borson, *Mem. del. R. Acc. del. sc. di Torino*, t. XXVII, pl. III,
    fig. 1.
Blainville, *Ostéog.*, g. *Éléph.*, pl. XVII, *M. tapiroides*, sup. 6ᵉ et
    6ᵇ; inf. 6ᵇ et 6ᵈ.
Gastaldi, *Mem. del. R. Acc. del. sc. di Torino*, s. II, t. XIX,
    pl. VII, fig. 9 et 10.
Pictet, *Traité de paléont*, 1853, atlas, pl. IX, fig. 10.

---

(1) La taille du *M. Borsoni*, à en juger par le volume comparatif
de ses molaires, devait surpasser celle du *M. ohioticus*. Le modèle
en plâtre d'un fémur, trouvé à Autrey avec une mâchoire inférieure,
mesure 1ᵐ,22 de longueur; celui du *M.* de l'Ohio, de la collection du
Muséum d'histoire naturelle, n'a que 1 mètre de long.

2. *Mastodon tapiroides*, Cuv.
  M. turicensis, Schinz.
  M. Borsoni, Gerv.

Formule théorique de la première dentition.

$$\text{Inc. } \frac{1-1}{1-1}, \text{ mâch. } \frac{3-3}{3-3} = 16.$$

Je ne connais de la première dentition que les troisièmes mâ-chelières de lait tant supérieures qu'inférieures.

La troisième supérieure de lait, à couronne à peu près rectangulaire, portant trois collines transverses, à crête comprimée et crénelée au sommet, avec scissure médiane pénétrante ; arête récurrente en saillie très prononcée et tuberculée dans le fond du vallon ; bourrelet crénelé entourant la base de la couronne, et rejoignant en avant et en arrière un talon également relevé de crénelures.

La troisième de lait inférieure, à couronne plus étroite en avant qu'en arrière, portant également trois collines avec les mêmes détails accessoires que dans l'homologue supérieure. Le bourrelet en ceinture est moins continu à la base interne ; mais les talons antérieur et postérieur sont plus en relief et entaillés de crénelures plus profondes.

Formule de la deuxième dentition.

$$\text{Inc. } \frac{1-1}{1-1}, \text{ prém. } \frac{2-2}{2-2}, \text{ mol. } \frac{3-3}{3-3} = 24.$$

La formule n'est théorique que pour une partie des prémolaires.

Série supérieure. — Défenses à courbe simple, cylindroïdes à la sortie des alvéoles et un peu comprimées vers leur extrémité exerte, avec une bande longitudinale d'émail *sur leur face convexe.*

Deuxième prémolaire supérieure (la seule observée), presque carrée, avec deux collines en crête crénelée. L'arête récurrente en forte saillie à la colline antérieure. La base de la couronne entourée d'un cordon de perlures qui se relèvent en bourrelets crénelés formant talon en avant et en arrière.

Première molaire à couronne rectangulaire, portant trois collines transverses et posées à angle droit, avec crénelures au sommet et scissure médio-longitudinale très accusée ; arête récurrente en saillie prononcée et tuberculée dans le fond des vallons, de façon à les intercepter en partie ; bourrelet basilaire interne ordinairement assez renflé, et rejoignant en avant et en arrière un talon à crénelures plus ou moins profondes.

Deuxième molaire à couronne rectangulaire moins large à proportion que la dent homologue dans le *M. Borsoni* ; à collines plus hautes en même temps, et dont l'épaisseur à leur base est moindre que leur hauteur ; vallons intermédiaires moins ouverts, et toujours en partie interceptés par les tubercules terminaux de l'arête récurrente.

Troisième molaire à couronne un peu plus longue à proportion que celle de *M. Borsoni* et également plus contractée en arrière ; portant aussi quatre collines transverses dont les trois premières sont moins égales entre elles ; la quatrième est suivie d'un talon crénelé tantôt détaché, tantôt rejoignant la pointe interne de la quatrième colline. Bourrelet en ceinture basilaire, ordinairement très saillant.

Série inférieure. — Incisives observées par M. Falconer sur une mandibule du Musée de Winterthur, en Suisse.

Première et seconde molaires inférieures, à couronne sensiblement plus étroite en avant qu'en arrière, portant chacune trois collines posées un peu obliquement par rapport au plan de la couronne ; bourrelet en ceinture, ordinairement moins accusé que dans les supérieures.

Dernière molaire à couronne surbaissée et contractée en arrière ; portant, comme la supérieure, quatre collines qui vont en décroissant de largeur de la deuxième à la quatrième ; celle-ci, suivie d'un talon tuberculé, diversiforme, mais toujours nettement détaché. Dans cette espèce, il y a quelquefois suppression anomale d'une colline aux dernières molaires tant supérieures qu'inférieures. La détrition produit, sur les molaires du *Mastodon tapiroides*, des figures en lozanges moins définis que dans celles du *M. ohioticus*; on y retrouverait plutôt une forme tréflée à lobes un peu anguleux.

Distribution géographique. — France : bassin supérieur et inférieur de la Garonne, faluns de la Touraine et graviers contemporains de l'Orléanais, lignites de Soblay (Ain). Espagne : argiles marneuses de San-Isidro, près Madrid. Suisse : environs de Zurich et de Winterthur, OEningen?, près du lac de Constance.

Horizon géologique. — En France, miocène moyen ; en Espagne, miocène moyen ? ou inférieur ? ; en Suisse, miocène moyen et peut-être aussi miocène supérieur ? (OEningen).

Voir pour les morceaux rapportables à l'espèce :

Schinz, *Ueb. die ueb.* (*Mémoires de la Soc. gén. helv. p. les sc. nat.* Zurich, 2e part., 1833, fig. 1 et 2).
Blainville, *Ostéog.,* g. *Éléph.*, pl. XVII, *M. tapiroides*, sup. 5 et 6e ; inf. 1 et 6ª.
Kaup, *Beit. zur Nach. der Kenn. Urw. Saeug.* Darms, 1857, pl. V, fig. 1.
Guettard, *Mém.* (1re coll.), t. III, pl. VII, fig. 4, sp. ?.

3. *Mastodon pyrenaicus*, Lart. (in Falconer, *Quart. Journ.*, vol. XIII, 1857).

Espèce nouvelle que j'ai pu établir, en premier lieu, d'après trois molaires et quelques ossements dont je dois la possession aux soins éclairés et à la générosité de M. Figarol, médecin vétérinaire à Saint-Frajou (Haute-Garonne). Ces divers morceaux avaient été recueillis par M. Figarol dans les déblais d'une tranchée ouverte pour le tracé d'un chemin de grande communication. Plus tard, j'ai observé, dans diverses collections particulières, quelques autres pièces qui m'ont paru rapportables à cette espèce plus grande que le Mastodonte de l'Ohio.

Première dentition totalement inconnue.

Je suis conduit à rapporter à ce Mastodonte, par exclusion démontrée des espèces contemporaines, un tronçon de défense du cabinet de M. Fontan, à Saint-Gaudens (Haute-Garonne). Cette défense, à en juger par ce qui en a été conservé, était comprimée dans sa région moyenne, et sa coupe donne une figure sensiblement ovalaire. On n'aperçoit pas à la surface la moindre trace de cette bande longitudinale d'émail qui caractérise les défenses du *Mastodon tapiroides* et du *M. angustidens*, espèces dont les restes sont plus répandus dans cette partie du bassin supérieur de la Garonne.

Une seule mâchelière intermédiaire a été retrouvée, c'est la pénultième molaire inférieure. Sa couronne très usée indique assez nettement trois divisions transverses où la détrition a produit des aires en trèfles irréguliers, bordés d'un émail médiocrement épais ; il y a en arrière un fort talon tuberculé.

La dernière molaire inférieure du même sujet porte quatre collines dont les deux premières, flanquées d'un tubercule accessoire, passent au type mamelonné, et donnent, par l'usure, des figures en trèfles mal définies. Les dernières collines retiennent jusqu'à un certain point la disposition *tapiroïde* des molaires de l'espèce qui porte ce nom. Les vallons qui les séparent restent presque entièrement libres ; on retrouve à leur ouverture cette saillie verruqueuse d'émail qui a déjà été signalée dans certaines molaires du *M. Borsoni*. Les trois collines antérieures sont subégales en largeur ; la quatrième, sensiblement contractée, est suivie d'un talon épais, trifide au sommet et nettement détaché.

La dernière molaire supérieure, toujours du même sujet, a sa couronne très large, supportant quatre collines dont les deux premières, à figures subtréflées, ont leurs vallons intermédiaires partiellement interceptés par un tubercule accessoire. Les deux collines supérieures, plus comprimées et presque *tapiroïdes*, sont séparées par des vallons libres. Le talon terminal est en grosse crête entaillée de fortes crénelures, et il se rattache à la pointe interne de la quatrième colline.

Distribution géographique. — France : Saint-Frajou, environs de l'Ile en-Dodon (Haute-Garonne), Castelnau, Magnoac (Hautes-Pyrénées), d'après une molaire très grosse de la collection du petit séminaire d'Auch ; Labarthe (Haute-Garonne), au pied des premiers contre-forts pyrénéens, d'après une molaire incomplète décrite et figurée par M. Noulet ; Moncaup (Basses-Pyrénées), autre grosse molaire conservée à Pau avec les dents de Dinotherium provenant du même gisement et décrites par M. Mermet ; graviers de l'Orléanais?, d'après quelques fragments insuffisamment déterminés dans le Musée d'Orléans. Georgensmund?. En Bavière?. Toscane : val d'Arno supérieur, avec le *M. angustidens*, et dans des couches inférieures à celles où l'on trouve le *M. arvernensis*, d'après des renseignements qui viennent de m'être transmis par M. le marquis C. Strozzi.

Horizon géologique. — Miocène moyen , peut-être miocène supérieur. En Toscane?.

Voir :

Noulet, *Hist. et Mém. de l'Ac. des sc. de Toulouse*, t. VI, 1ʳᵉ part., p. 156, fig.
Mermet, *Bull. de la Soc. des sc. et arts de Pau*, 1841. 3ᵉ livraison, pl. I, fig. 1.
H. de Meyer, *Die foss. Zahr.*, etc., von Georgensmund, pl. I, fig. 1 ? et 5??; pl. II, fig. 8 ?.

4. *Mastodon angustidens*, Cuv.
   M. longirostris, Gervais.
   M. Cuvieri, Pomel.
   M. simorrense, Lart.

Première dentition : inc. $\dfrac{1—1}{1—1}$, mâch. $\dfrac{3—3}{3—3} = 16$.

Série supérieure. — Incisives rudimentaires observées hors place, assez semblables à celles de l'Éléphant d'Afrique, c'est-à-dire à couronne aplatie, en pointe mousse, enveloppée d'émail, avec racine distincte plus longue que la couronne et fermée à son extrémité. Ces incisives tombaient vraisemblablement dans les Mastodontes, comme chez les Éléphants, avant la sortie de la troisième mâchelière de lait, pour faire place aux défenses de seconde dentition dont l'évolution est très précoce chez les proboscidiens.

Première mâchelière de lait à couronne contractée en avant, portant quatre tubercules inégaux sur deux rangées transverses, avec rudiment de talon en avant et en arrière.

Deuxième supérieure de lait sensiblement plus étroite en avant qu'en arrière, portant deux rangées transverses de mamelons flanqués de tubercules intermédiaires, avec talon crénelé antérieur et postérieur ; ce dernier plus important.

Troisième de lait à couronne rectangulaire, supportant trois collines transverses et subtapiroïdes, avec vallons intermédiaires interceptés de nombreux tubercules accessoires ; bourrelet de crénelures plus ou moins interrompu à la base interne, et rejoignant les deux talons antérieur et postérieur également crénelés sur leur bord supérieur.

Série inférieure. — Incisives de lait non observées, mais théoriquement admissibles. Première mâchelière de lait à lobe unique, gemmiforme ou comprimé, tantôt simple, tantôt avec denticule à la base.

Deuxième de lait à deux rangées de mamelons, avec tubercules intermédiaires et talons tuberculés en avant comme en arrière.

Troisième de lait à trois rangées de mamelons, flanqués de tubercules intermédiaires qui obstruent le fond des vallons ; talon tuberculé antérieur et postérieur (1).

$$\text{Deuxième dentition : inc. } \frac{1-1}{1-1}, \text{ prém. } \frac{2-2}{2-2}, \text{ mol. } \frac{3-3}{3-3} = 24.$$

Série supérieure. — Défense cylindrique à sa sortie de l'alvéole, comprimée et presque prismatique à son extrémité fonctionnelle,

----

(1) Les Mastodontes ont en général l'émail de leurs mâchelières de lait mince et pénétré de rides ou plis verticaux. L'émail des prémolaires et des molaires de seconde dentition est toujours plus épais, à proportion, et ordinairement lisse à la surface.

plus ou moins contournée en spirale, toujours avec une bande
longitudinale d'émail *sur la face concave.*

Première prémolaire supérieure, à quatre tubercules inégaux
disposés sur deux rangées. La seconde paire de tubercules plus
écartés que ceux de la première, avec talon crénelé en avant et
en arrière, mais se confondant avec les tubercules principaux.

Deuxième prémolaire construite sur le même plan, plus grosse,
et à tubercules ou mamelons plus élancés et plus distincts.

Première molaire à couronne rectangulaire, portant trois rangées de mamelons peu élancés, plus gros et plus rapprochés par la
base du côté interne où ils sont flanqués de tubercules ou mamelons accessoires qui, ne s'élevant pas au niveau des rangées transverses, n'interrompent que partiellement les vallons intermédiaires. Talons antérieur et postérieur crénelés, et se confondant
avec les rangées extrêmes. La détrition détermine l'apparition,
sur chaque division transverse, de figures tréflées dont le sommet
est tourné du côté interne dans les molaires supérieures, et à
l'inverse dans les inférieures.

Deuxième molaire construite sur le même plan que la première,
seulement avec un accroissement très sensible de ses proportions.

Troisième molaire à quatre collines dont les deux dernières
sont surbaissées et contractées, avec talon terminal crénelé et se
confondant presque toujours avec la dernière colline.

Série inférieure. — Incisives permanentes, de forme variable,
le plus souvent aplaties de dessus en dessous, avec une dépression
tout le long de leur bord externe, sans racines et à croissance
continue, avec bulbe persistant, profondément implantées dans
la symphyse très prolongée de la mandibule; comparativement
peu exertes (15 à 20 centimètres) et cependant fonctionnelles, à
en juger par l'extrémité de leur couronne toujours usée en biseau ;
entièrement recouvertes d'une enveloppe de cortical et sans vestige
d'émail sur aucune partie de leur couronne.

Première prémolaire inférieure à lobe antérieur bifide au sommet, avec talon tuberculé en arrière et en contre-bas.

Deuxième prémolaire à couronne contractée en avant, avec
deux rangées transverses de mamelons flanqués de tubercules qui
interceptent partiellement le vallon intermédiaire. Talon tuberculé en avant comme en arrière; ce dernier plus important.

Première molaire à couronne rétrécie en avant, de moitié plus
longue que large, portant trois rangées un peu obliques de mamelons, les plus gros du côté externe. Chaque paire à sommets
bifides et sensiblement convergents, flanqués de tubercules inter-

médiaires s'élevant jusqu'à mi-hauteur et interceptant en grande partie les vallons séparatifs des rangées. Talon en avant comme en arrière, ce dernier nettement détaché et le plus souvent bituberculé.

Deuxième molaire plus forte de beaucoup et construite sur le même plan.

Troisième ou dernière molaire à quatre collines, se contractant d'avant en arrière, avec talon terminal diversiforme, mais ordinairement détaché.

Dans cette espèce, la forme de la dernière molaire, tant supérieure qu'inférieure, est très variable ; il y a quelquefois suppression et plus rarement addition d'une rangée de mamelons. Il arrive aussi plus fréquemment que les deux paires transverses de mamelons deviennent confluentes dans les dernières rangées de la molaire inférieure.

Les alvéoles des défenses supérieures, quoique assez longs, n'avancent pas autant que la symphyse de la mandibule qui est à proportion deux fois aussi longue que dans le *M. longirostris* d'Eppelsheim.

La dent sur laquelle a été établi le *M. minutus* de Cuvier est une première molaire inférieure du *M. angustidens*.

Il faut aussi supprimer le *M. Gaugaci*, Lart., qui repose principalement sur une prémolaire supérieure dans un cas de développement anomal.

Distribution géographique. — France : bassins supérieurs de la Garonne, faluns de la Touraine et graviers de l'Orléanais, bassin du Rhône. Espagne : environs de Léon et de Valladolid, San-Isidro, près de Madrid, Brihuega. Italie : val d'Arno supérieur?, dans des argiles bleues inférieures, d'après M. Strozzi, aux assises où l'on trouve le *M. arvernensis*. Suisse : la Chaux-de-Fonds, environs de Zurich et de Winterthur. Bavière : Georgensmund. Autriche : bassin de Vienne. Moravie. Saxe (la dent type du *M. minutus* de Cuvier).

Horizon géologique. — Miocène moyen? ou miocène inférieur? à San-Isidro, près Madrid, et à Brihuega. Miocène supérieur? dans le val d'Arno. Miocène moyen, partout ailleurs.

Voir pour les dents rapportables à cette espèce :

Cuvier, *Oss. foss.*, 1825, divers Mast., pl. I, fig. 1, 2, 4 ; pl. II, fig. 11 ; pl. III, fig. 1, 2, 3, 6.
Blainville, *Ostéog.*, g. *Éléph.*, pl. XIV, morceaux de Gascogne, pl. XV, sup. 1b, 1c, 1e, 3c, 4a, 4c, 5a, 5b, 5d ; inf. 1c, 1d, 1e, 3a, 3b, 4a, 4b, 5a, 5b. *Nota*. Dans les séries théoriques que

M. de Blainville a données planche XV, il y a confusion
entre les dents de divers âges et de trois espèces différentes
(*M. angustidens*, *M. longirostris*, *M. arvernensis*) ; de plus,
il y a indication inexacte pour le rang assigné à la plupart
de ces dents.

Kaup, *Beit. zur nach. Kenss. der urw. Saueg.*, 1857, pl I, fig. 1
à 4 ; pl. II, fig. 1 ; pl. III ; pl. V, fig. 2 ; pl. VI, fig. 1 à 4.

Falconer and Cautley, *Fauna ant. Sivalensis illust.*, part. V,
pl. XL, fig. 7 à 9.

Falconer, *Quart. journ. of the geol. Soc. of Lond.*, 1857, vol. XIII,
pl. XI, fig. 3 et 4.

Schinz, *Mém. de la Soc. gén. helv.*, 2ᵉ p., Zurich, 1833, pl. I,
fig. 3 à 11.

H. de Meyer, *Die foss. Zach.*, etc., von Georgensmund, 1834,
pl. I, fig. 2, 3, 4 ; pl. II, fig. 7ᵃ, 7ᵇ.

De Verneuil, Collomb et Gervais, *Bull. Soc. géol. de Fr.*, t. X,
2ᵉ sér., pl. IV, fig. 8.

Pictet, *Traité de paléont.*, 1853, atlas, pl. IX, fig. 8.

Kennedy, *Mém. Ac. de Munich*, 1785, pl. I, fig. 2.

Réaumur, *Mém. Ac. des sc.*, 1715, pl. VII, fig. 1 et 2.

Grew, *Mus. Soc. Reg.*, pl. XIX, fig. 1.

5. *Mastodon arvernensis*, Croizet et Jobert.

M. angustidens, Cuv., pro parte, Blainv., *id.*, Owen, *id.*,
Laurill., *id.*

M. brevirostris, Gervais.

Anancus macroplus, Aymard.

Cette espèce rentre dans la section des Mastodontes dont les
mâchelières intermédiaires sont à quatre rangées de mamelons
(s.-g : *Tetralophodon*, Falc.).

$$\text{Première dentition : inc. } \frac{1-1}{0?-0?}, \text{ mâch. } \frac{3-3}{3-3} = 14.$$

Série supérieure. — Incisives de lait inconnues.

Première mâchelière de lait à couronne contractée en avant,
avec divisions tuberculeuses inégales.

Deuxième de lait à trois rangées flanquées de nombreux tubercules accessoires ; talon crénelé en avant comme en arrière.

Troisième de lait à couronne rectangulaire, très compliquée de
tubercules accessoires aux quatre rangées principales qui sont
précédées et suivies d'un talon crénelé.

Série inférieure. — Incisives vraisemblablement nulles.

Première mâchelière de lait à lobe unique, comprimé, simple
ou denticulé à la base.

Deuxième de lait à trois divisions confuses, par sections alternantes, plus étroite en avant qu'en arrière.

Troisième de lait à quatre divisions, ou rangées bisectionnées en fractions transversales alternantes.

$$\text{Deuxième dentition : inc. } \frac{1-1}{0-0}, \text{ prém. } \frac{0-0}{0-0}, \text{ mol. } \frac{3-3}{3-3} = 14.$$

Série supérieure. — Défenses cylindroïdes à courbe simple ou contournée en spirale, sans bande d'émail sur aucune de leurs faces.

Prémolaires nulles, ou tout au moins leur absence constatée dans un maxillaire, portant les trois mâchelières de lait dont la seconde était très usée et la troisième entamée par la détrition. Ce maxillaire, exploré avec la plus grande attention, n'a pas laissé apercevoir le moindre vestige, même rudimentaire, des germes des prémolaires dont le développement est déjà très avancé dans les maxillaires du *M. angustidens* portant des mâchelières de lait aussi usées.

Première et deuxième molaires à couronne rectangulaire, portant quatre rangées de mamelons en paires plus ou moins alternantes, et flanquées d'un mamelon intermédiaire de hauteur presque égale à celle des mamelons principaux ; les vallons toujours complétement interceptés ; les mamelons principaux moins gros à proportion que dans le *M. angustidens* et plus élancés que ceux du *M. longirostris.*

Dernière molaire à cinq rangées séparées par des vallons toujours fermés et à paires plus ou moins obliques ; talon terminal diversiforme.

Série inférieure. — Incisives inférieures nulles.

Prémolaires également nulles.

Première et deuxième molaires à quatre rangées de mamelons plus ou moins alternants, avec talon tuberculé. Les vallons toujours interceptés par un mamelon intermédiaire presqu'à niveau des collines.

Dernière molaire à cinq rangées dont les quatrième et cinquième ont leurs mamelons constamment alternants. Quelquefois cependant la dent se trouve tellement contractée en arrière, que les mamelons composant les rangées postérieures deviennent confluents. Talon terminal diversiforme et quelquefois représenté par un mamelon unique.

Distribution géographique. — France, sables marins de Montpellier sans association d'Éléphant ; Auvergne et Vélay ; dans les

alluvions sous-volcaniques *inférieures* sans association d'Éléphant ;
alluvions anciennes de la Bresse, etc. Angleterre, crag de Suffolk
et de Norwich, avec association originelle? ou accidentelle
d'Éléphants (*E. meridionalis*). Espagne, sp.?, lignites d'Alcoy,
avec des mammifères de deux âges différents : miocène supérieur
et pliocène. Piémont, province d'Asti, avec *M. Borsoni*, *E. meridionalis*, *E. antiquus*, etc. Toscane et États romains, avec Éléphant. Bassin de Vienne. Volhynie? (*M. intermedius*, Eichwald).
Russie méridionale, pointe de Taman à l'extrême Europe, au
pied du Caucase (d'après un fragment de molaire rapporté par
M. de Verneuil, sp.?). Afrique, sp.?, d'après une molaire figurée
par M. Gervais et rapprochée par lui de son *M. brevirostris*, c'est-
à-dire du *M. arvernensis*.

Horizon géologique. — Miocène supérieur? ou pliocène en Espagne, à Alcoy ; partout ailleurs, pliocène.
Voir :

Croizet et Jobert, *Oss. foss. du Puy-de-Dôme*, pl. I, fig. 1 à 4 ;
    pl. II, fig. 7 ; pl. XII, fig. 7 ; pl. XIII, fig. 1 et 2.
Nesti, *Dell. ost. del M. à dent. str. Lett. et fig. h. Canali*, Pisa,
    1826, pl. II, fig. 13 à 16.
Cuvier, *Oss. foss.*, 1825, t. I, pl. II, fig. 4 et 5 ; divers Mast.,
    pl. I, fig. 3, 5 ; pl. II, fig. 7, 8, 9, 10, 13 ; pl. IV, fig. 1,
    2, 3, 4, 6 et 7.
Blainville, *Ostéog.*, g. *Éléphant*, pl. XIV, fig. des Étuaires (d'Au-
    vergne), de Stellenhof (Autriche) ; pl. XV, sup. 1ᵃ, 2ᵃ, 2ᵇ ;
    inf. 1ᵃ, 6ᵇ.
Gervais, *Zool. et pal.*, pl. I, fig. 3 et 4, pl. III, fig. 7. — *Mém.
    Ac. des sc. de Montp.*, 1850, t. I, pl. XIV.
Owen, *British foss. Mamm. and Birds*, fig. 97, 98, 99, 100.
Borson, *Mem. del. r. Acc. del. sc. di Torino*, t. XXIV, pl. I, fig. 1
    et 2 ; pl. II, fig. 3 et 4. — t. XXVII, pl. III, fig. 1.
Eichwald, *Nov. act. Ac. nat. cur.*, XVII, p. 2, pl. LVIII et LIX.
Sismonda (Eug.), *Mem. del. r. Acc. del. sc. di Torino*, t. XII,
    2ᵉ sér., pl. 1.
Falconer and Cautley, *Fauna ant. Sivalensis illust.*, p. V ;
    pl. XXXVI, fig. 7 à 9 ; pl. XXXVII, fig. 9.
Falconer, *Quart. journ. of the geol. Soc. of Lond.*, 1857, vol. XIII,
    pl. XII, fig. 1 à 4.
Lyell, *Manual of the geol.*, 1855, fig. 135.
Kaup, *Beitr. zur nach. Kenn. der Urw. Saeug.*, Darmst., 1857,
    pl. II, fig. 3, 8.
Baldassari, *Att. del. Ac. del. sc. de Sienna*, 1767, t. III, pl. VI,
    VII et VIII.
Knorr, *Rec. des monum.*, sup., pl. VIII c, fig. 1? et 2?.

6. *Mastodon longirostris*, Kaup., 1832 ; *M. arvernensis*, Kaup.,
1857 (*Beit. zur nach.*, etc., Darmst., 1857).
M. arvernensis, H. de Meyer.
M. angustidens, Owen.

Autre espèce de la section des Mastodontes dont les mâchelières
intermédiaires sont à quatre rangées de mamelons (s.-g.: *Tetralophodon*, Falc.):

$$\text{Première dentition : inc.} \frac{1-1}{1-1}, \text{mâch.} \frac{3-3}{3-3} = 16.$$

Cette formule est théorique en ce qui concerne les incisives, et
aussi pour les mâchelières inférieures que je n'ai observées ni en
nature ni figurées.

Série supérieure. — Première mâchelière de lait contractée en
avant et à deux rangées inégales de tubercules ou mamelons.

Deuxième de lait à couronne un peu rétrécie en avant; portant trois rangées transverses avec tubercules accessoires et talons
crénelés en avant comme en arrière.

La troisième à quatre rangées avec tubercules intermédiaires,
et double talon crénelé antérieur et postérieur.

$$\text{Deuxième dentition : inc.} \frac{1-1}{1-1}, \text{prém.} \frac{2-2}{2-2}, \text{mol.} \frac{3-3}{3-3} = 24.$$

Série supérieure. — Défenses incomplétement connues.

Première et deuxième prémolaires à quatre tubercules sur
deux rangées subégales, et absolument dans le même plan que
les prémolaires du *M. angustidens*.

Première et deuxième molaires à couronne rectangulaire, portant quatre rangées de mamelons séparés par des vallons tantôt
partiellement interceptés par des tubercules intermédiaires à mi-
hauteur des rangées, tantôt libres.

Dernière molaire à cinq rangées de mamelons, avec suppression
ou augmentation exceptionnelle d'une rangée; talon terminal
diversiforme.

Série inférieure. — Incisives non observées en place, mais devant
être considérées comme permanentes, leurs alvéoles ayant été
retrouvés dans la mandibule d'un sujet adulte; la symphyse de
cette mandibule est moins prolongée que dans le *Mastodon
angustidens*.

Première et deuxième prémolaires dans le même plan que
celles du *M. angustidens*.

Première et deuxième molaires à quatre rangées de collines, avec détails de structure analogues à ceux des molaires supérieures.

La dernière inférieure à cinq rangées de mamelons se contractant en arrière et suivies d'un talon diversiforme. Comme dans la supérieure, il y a quelquefois addition ou suppression d'une rangée.

Cette espèce se distingue nettement de la précédente par la présence d'incisives inférieures persistantes et par l'existence constatée des *prémolaires* aux deux mâchoires. Les mamelons de ses mâchelières sont moins élancés et leurs rangées mieux alignées transversalement. Les tubercules ou mamelons accessoires sont aussi moins gros, et ne s'élèvent pas, comme dans le *M. arvernensis*, jusqu'au niveau des mamelons principaux ; aussi les vallons séparatifs des rangées sont-ils moins complétement interceptés dans le *M. longirostris*; quelquefois même ils restent entièrement libres entre les dernières rangées des vraies molaires.

Distribution géographique. — Hesse rhénane : Eppelsheim. Grèce : Pikermi, sp.?, au pied du mont Pentélique (1).

Horizon géologique. — Miocène supérieur.

Voir pour les morceaux figurés rapportables à cette espèce :

Kaup, *Oss. foss.*, Darmst., 1832, pl. XVI, fig. 1 à 5; pl. XVII, fig. 1 à 14; pl. XVIII, fig. 1 à 9; pl. XIX, fig. 1 à 5; pl. XX, fig. 2 à 5.

Kaup, *Beitr. zur nach.*, etc., 1857, pl. II, fig. 1 et 2; pl. IV; pl. VI, fig. 5 et 6.

Blainville, *Ostéog.*, g. *Éléph.*, pl. XIV, les morceaux d'Eppelsheim ; pl. XV, sup. 2^c, 2^d, 2^e, 3^a, 5^e, 6^a, 6^b; inf. 1^b, 5^c, 6^a.

---

(1) Dans le mémoire où nous avons, M. A. Gaudry et moi, consigné nos premiers aperçus sur la faune de Pikermi, et donné la liste des mammifères que nous y avions reconnus, cette liste comprend, sous la dénomination *provisoire* de *Mastodon pentelicus?*, quelques ossements et un maxillaire supérieur d'un jeune individu dont les dents n'ont pas pu être rigoureusement identifiées avec celles d'aucune espèce connue. Mais comme cette détermination repose principalement sur des dents du jeune âge, dont les formes sont d'ordinaire moins arrêtées que celles de seconde dentition, je ne me crois pas autorisé à introduire cette espèce dans la nomenclature de celles définitivement admises; d'autant que le gisement de Pikermi, renfermant plusieurs autres mammifères également retrouvés à Eppelsheim, il peut se faire que des observations ultérieures constatent un nouveau cas d'identité entre les Mastodontes de ces deux localités. Le Mastodonte de Pikermi rentre d'ailleurs dans la même section (Tétraphodon) par la composition de ses molaires, sa deuxième de lait supérieure étant à trois collines, comme son homologue dans le *M. longirostris*.

H. de Meyer, *Nov. act. Ac. nat. cur.*, t. XV, 2ᵉ p., pl. LVII.
Owen, *British foss. Mamm. and Birds*, fig. 96.
Falconer and Cautley, *Fauna ant. Sival. illust.*, p. V, pl. XXXVI,
  fig. 10 à 13; pl. XL, fig. 6.
Falconer, *Mastodon; Quart. journ. of the geol. Soc. of Lond.*,
  1857, vol. XIII, pl. XI, fig. 1 et 2.
Pictet, *Traité de paléont.*, 1853, atlas, pl. IX, fig. 9.
Bronn, *Leth. geogn.*, 1856, atlas, pl. XLIII, fig. 5.
A. Wagner, *Mém. Ac. de Munich*, 1857, pl. VII, fig. 16, sp. ?.

Dimensions, en longueur et en largeur moyenne, de la couronne de la pénultième molaire inférieure dans les espèces des genres Dinotherium *et* Mastodon *ci-dessus mentionnées* (1).

	Longueur de la couronne.	Largeur de la couronne.
Dinotherium giganteum . . . . {	0ᵐ,084	0ᵐ,073
	0, 075	0, 065
D. sp. ?	0, 086	0, 074
D. ? *bavaricum*, { de Bavière	0, 052	0, 057
{ d'Alan en Comminges.	0, 064	0, 063
D. Cuvieri.	0, 058	0, 048
Mastodon Borsoni.	0, 113	0, 085
M. tapiroides.	0, 115	0, 072
M. pyrenaicus.	0, 134	0, 076
M. angustidens.	0, 105	0, 052
M. arvernensis.	0, 150	0, 082
M. longirostris.	0, 145	0, 073

Genre *Elephas*, Linné.

Première dentition : inc. $\dfrac{1-1}{0-0}$, mâch. $\dfrac{3-3}{3-3} = 14$.

Incisives supérieures rudimentaires, à couronne revêtue d'émail et plus courte que leur racine qui est fermée à son extrémité alvéolaire (Corse). Ces dents tombent de bonne heure pour faire place aux incisives permanentes ou défenses.

Les trois premières mâchelières, qui se développent successivement et à des intervalles inégaux sur chaque branche de maxillaires, sont considérées comme les analogues des mâchelières de

(1) J'ai pris ces mesures sur une *pénultième* molaire plutôt que sur une *dernière*, parce que les proportions de la dernière molaire, dans ces grands animaux, sont plus sujettes à des variations individuelles.

lait chez les autres mammifères. Ces dents ne sont jamais remplacées par des prémolaires à évolution verticale (1).

$$\text{Deuxième dentition : inc. } \frac{1-1}{0-0}, \text{ prém. } \frac{0-0}{0-0}, \text{ mol. } \frac{3-3}{3-3} = 14.$$

Défenses supérieures cylindriques, de volume très variable et à courbe diversement dirigée, sans émail sur aucune de leurs faces ; ivoire toujours strié sur sa tranche.

Molaires de forme et de composition très variées ; leur apparition est successive et s'effectue par progression horizontale. La complication numérique des éléments lamelleux de leur couronne augmente plus ou moins rapidement suivant les espèces. Dans l'Éléphant actuel des Indes (*E. indicus*), la progression numérique des lames pour les six mâchelières de la série totale peut être exprimée par la formule suivante empruntée à M. Falconer :

$$1^{re} \frac{4}{4}, \ 2^e \frac{8}{8}, \ 3^e \frac{12}{12}, \ 4^e \frac{14}{14}, \ 5^e \frac{18}{18}, \ 6^e \frac{24}{24} \text{ ou } 27.$$

Dans l'Éléphant d'Afrique qui a les lames de ses mâchelières plus épaisses que celles de l'Éléphant de l'Inde, la progression est moindre ; elle a dû être plus forte dans l'*E. primigenius* dont les mâchelières sont à lames beaucoup plus minces.

Dans la faune tertiaire de l'Asie, certaines espèces que l'on a appelées *transitionnelles* avaient les divisions de la couronne de leurs molaires en *collines* plutôt qu'en *lames*, et le nombre de ces collines était plus réduit que dans l'Éléphant d'Afrique.

Distribution géographique des Éléphants fossiles en Europe. — Islande?, Angleterre, France, Espagne, Italie, Sicile, Suisse, Allemagne, Russie occidentale et méridionale, etc., etc.

Horizon géologique en Europe. — Pliocène et post-pliocène.

L'Afrique méditerranéenne paraît aussi avoir eu des Éléphants dans les deux âges pliocène et post-pliocène.

Dans l'Asie centrale et méridionale, les Éléphants ont fait leur apparition plutôt qu'en Europe (miocène supérieur) et en même temps que les Mastodontes.

Dans l'Amérique du Nord, les plus anciennes espèces de ces deux genres sont de la période pliocène : *Mastodon mirificus* et

---

(1) Sauf l'exception déjà signalée dans l'*Elephas planifrons* de la faune ancienne des monts Sivalicks, en Asie.

Elephas imperator, Leidy, de la vallée de Niobrara, pliocène du Missouri.

L'existence des Éléphants n'est encore indiquée dans l'Amérique méridionale que par un fragment de molaire à lames épaisses, rapporté de Cayenne par le capitaine Perret et donné par lui au Musée de Marseille.

 1. *Elephas meridionalis*, Nesti.
  E. proboletes ?, Fischer.

Dentition incomplétement observée. Défenses cylindriques, très fortes et peu courbées.

Mâchelières à couronne presque aussi large que haute, à lames très épaisses ; leur émail, irrégulièrement festonné, offre le plus souvent une expansion médiane simple ou double qui rappelle jusqu'à un certain point les figures rhomboïdales que la détrition produit sur les molaires de l'Éléphant d'Afrique. Le nombre des lames, peu progressif dans les mâchelières intermédiaires (7 à 9?), s'élève jusqu'à 13 et au-dessus pour la dernière molaire. Dans cette espèce, chaque branche de maxillaire montre 12 à 13 lames en exercice simultané sur une surface triturante de $0^m,24$ en longueur.

Distribution géographique. — Angleterre : Crag de Norwich, associé accidentellement peut-être au *Mastodon arvernensis*. France : alluvions anciennes de la Bresse ; alluvions sous-volcaniques *intermédiaires* de l'Auvergne et du Vélay, non associé aux Mastodontes ; à Saint-Prest, près de Chartres ; à la Viste, environs de Marseille, etc., etc. Piémont : province d'Asti, associé aux Mastodontes. Toscane : val d'Arno, avec Mastodontes. Environs de Rome. Crimée : dans la tranchée de Sébastopol, sp.?. Volhynie?. Environs de Moscou ? Sibérie ?, d'après une molaire à lames épaisses donnée au Muséum d'histoire naturelle de Paris par M. Ravergie.

Horizon géologique. — Pliocène.

Voir pour les morceaux rapportables à l'espèce :

Nesti, *Lett. sop. gl. alc. foss. del val d'Arno*, Pisa, 1825, pl. I, fig. 3.
Croizet et Jobert, *Oss. foss. du Puy-de-Dôme*, pl. IX, fig. 1 ; pl. X, fig. 1.
Cuvier, *Oss. foss.*, 1825, t. I, *Éléph.*, pl. IX, fig. 3, 4 et 8.
Blainville, *Ostéog.*, g. *Éléph.*, pl. VIII, fig. 3ᵃ, 4ᵃ ; pl. X, fig. 4., 6ᵃ, 6ᵈ.

Falconer and Cautley, *Fauna ant. Sival. illust.*, p. III, pl. XIV", fig. 1 à 18.
Owen, *Brit. foss. Mamm. and Birds*, fig. 93.
Parkinson, *Organic remains, etc.*, t. III, pl. XX, fig. 6.
Th. Molineux, *Philos. transact.*, 1715, n° 346, fig. 7.
Cortesi, *Saggi geolog.*, 1819, pl. V, fig. 1 et 2.
Eichwald, *Nov. act. Ac. nat. cur.*, t. XVII, p. 2, pl. LIII, fig. 1 et 2.

2. *Elephas antiquus*, Falconer.

Espèce imparfaitement connue.

Molaires à lames plus nombreuses, moins espacées, moins larges?, et en même temps plus hautes que dans l'espèce précédente ; émail moins épais et plus régulièrement festonné, avec ou sans expansion médiane ; 14 à 15 lames en exercice sur $0^m,24$ de surface triturante en longueur.

Distribution géographique. — Angleterre : alluvions anciennes de la Tamise et cavernes (Kirkdale et Kent's-Hole). France : bassin de la Gironde ; Champagne, près Sainte-Ménéhould ; alluvions de la Bresse. Suisse. Piémont : province d'Asti. Environs de Rome. Sicile, près de Palerme. Afrique méditerranéenne?, province d'Oran.

Horizon géologique. — Pliocène et peut être aussi post-pliocène.

Voir pour les pièces rapportables à l'espèce :

Falconer and Cautley, *Fauna ant. Sival. illust.*, part. II, pl. XIII^A et XIII^B, fig. 4 et 5 ; pl. XIV, fig. 1, 2. — Part. III, pl. XII^B, fig. 4, 5 ; pl. XIV^A, fig. 1 à 13.
Buckland, *Reliq. diluv.*, pl. VII, fig. 1 et 2.
Owen, *British foss. Mamm. and Birds*, fig. 87?.
Kirby Trimmer, *Philos. transact.*, 1813, p. 436, pl. VIII, fig. 1 et 2.
Aldrovandi, *Mus. metal.*, tab. IX, p. 831?.
Ch. Gottlob Steding, *Nov. act. Ac. nat. cur.*, 1778, t. VI, obs. LXXI, pl. V.

3. *Elephas primigenius*, Blumenbach.

Défenses à direction variable et implantées dans des alvéoles très longs ; mâchelières à couronne plus large à proportion que celles de l'Éléphant de l'Inde, à lames moins épaisses et beaucoup plus nombreuses, bordées d'un émail très mince, rectiligne ou flexueux, quelquefois finement festonné, avec ou sans dilatations anguleuses ; 20 à 23 lames en exercice sur $0^m,24$ de surface triturante en longueur.

Distribution géographique. — Islande?, Norwége, Suède, Angleterre, Belgique, France, Allemagne, Russie, Italie, environs de Rome. Non constaté jusqu'à présent en Espagne.

Horizon géologique. — Post-pliocène.

Voir :

Cuvier, *Oss. foss.*, 1825, *Éléph.*, pl. V, fig. 4 et 5 ; pl. VI, fig. 1 à 5 ; pl. VIII, fig. 1 et 2.
Blainville, *Ostéog.*, g. *Éléph.*, pl. VIII, fig. 2ᵇ, 2ᶜ, 3ᵇ, 4ᵇ, 4ᶜ, 6ᵃ, 6ᵇ, 6ᶜ ; pl. X, fig. 2ᵃ, 2ᵇ, 3ᵃ, 3ᵇ, 3ᶜ, 4ᵃ, 4ᶜ, 4ᵈ, 6ᵃ, 6ᵇ.
Owen, *British foss. Mamm. and Birds*, fig. 91, 92, 94 et 95. — *Odontography*, pl. CXLVIII, fig. 6 et 8.
Falconer et Cautley, *Fauna ant. Sival. illust.*, part. I, pl. I, fig. 1. — Part. II, pl. XIIIᴬ et XIIIᴮ, fig. 1, 2 et 3.
Eichwald, *Nov. act. Ac. nat. cur.*, t. XVII, p. 2, pl. LII et pl. LXIII.
Morren, *Mém. sur les oss. foss. d'Éléph.*, 1834, *Gand*, pl. II et pl. III.
Parkinson, *Organic remains*, pl. XX, fig. 5.
Pictet, *Traité de paléont.*, 1853, atlas, pl. IX, fig. 3.
Bronn, *Leth. geogn.*, 1856, atlas, pl. LXIII, fig. 4.

4. *Elephas africanus fossilis.*
E. priscus, Goldfuss.

Première dentition. — Incisives supérieures à couronne courte, aplatie, obtuse et recouverte d'émail, avec racines distinctes plus longues que la couronne.

Mâchelières de lait à lames moins nombreuses que dans l'Éléphant actuel de l'Inde :

$$1^{re}\ \frac{3}{2},\quad 2^e\ \frac{5}{5},\quad 3^e\ \frac{7}{7}.$$

Les mâchelières de seconde dentition à lames épaisses avec expansion anguleuse et médiane très dilatée, de façon à prendre une figure rhomboïdale bordée d'émail plus ou moins festonné. Les lames notablement plus hautes que larges transversalement. 9 à 10 lames en exercice sur 0ᵐ,20 ou 0ᵐ,24 de surface triturante en longueur.

Distribution géographique. — *Dans l'époque présente*, le centre et le midi de l'Afrique. *Dans les temps historiques* jusqu'au iv⁴ siècle, la région méditerranéenne de ce même continent. *A l'état fossile*, Cavernes de l'Algérie et tuf post-pliocène des environs de Guelma. *Diluvium* de Madrid, Espagne. France, en Auvergne, dans la plaine de Sarliève où l'on a également trouvé une

dent d'*E. primigenius*. En Allemagne, sur les bords du Rhin, de
la Roer, à Tiede, Wittemberg, Eichstedt, etc., etc.

Horizon géologique. — Post-pliocène (1).

Voir :

Goldfuss. *Nov. act. Ac. nat. cur.*, t. X, pl. XLIV; t. XI, p. 2,
    pl. LVII, fig. 1.
Gervais. *Mém. Ac. des sc. de Montpellier*, 1850, t. I, pl. XV,
    fig. 7.

Sur les quatorze espèces de proboscidiens dont je viens d'essayer
de donner une diagnose qui est loin d'être suffisante pour certains
d'entre eux, quatre appartiennent au genre Dinotherium, six au
genre Mastodonte et quatre au genre Éléphant; mais des quatre
espèces de Dinotherium, il n'y en a que trois d'inscrites avec leur
désignation nominale.

L'apparition des premiers proboscidiens en Europe a été pré-
cédée par celle des Rhinocéros que l'on trouve déjà représentés
dans le miocène inférieur par plusieurs espèces. Il est vrai que
nous voyons, dans les gisements de *San-Isidro* et de *Brihuega*, en
Espagne, deux Mastodontes (*M. tapiroides* et *M. angustidens*) asso-
ciés à certains mammifères qui, de ce côté-ci des Pyrénées, rentrent
dans la faune du miocène inférieur. Doit-on en conclure que
l'établissement des Mastodontes sur le sol de l'Espagne a été antérieur à leur immigration en deçà des Pyrénées? Pourrait-on en
induire que l'évolution initiale de ces grands animaux se serait
réalisée sur un autre continent, et que leur diffusion vers les parties émergées de l'Europe tertiaire a dû s'effectuer par l'isthme
pyrénéen?

Les genres Dinotherium et Mastodonte se sont seuls montrés en
Europe pendant la période miocène. Le genre Dinotherium a fini
avec le miocène supérieur; les Mastodontes ont reparu sous de

---

(1) Je n'inscrirai pas ici une autre espèce dont les débris assez rares
auraient été signalés sous le nom d'*Elephas priscus*, dans certains
dépôts *pliocènes* d'Italie et d'Angleterre. J'ai déjà essayé ailleurs
d'établir que la dent typique de l'*E. priscus* de Goldfuss n'est en
réalité qu'une dent fossile d'*E. africanus*, trouvée dans les alluvions
post-pliocènes du Rhin, et n'ayant sans doute rien de commun avec
cet autre Éléphant de la période précédente, dont les lames den-
taires présenteraient une disposition rhomboïdale analogue. Je ferai
seulement remarquer que dans l'*E. antiquus* les lames des molaires
offrent quelquefois une expansion anguleuse assez sentie dans leur
milieu.

nouvelles formes spécifiques pendant la période pliocène avec laquelle ils se sont éteints, si même ils en ont parcouru toutes les phases.

Les Éléphants, qui n'ont paru en Europe que dans les premiers temps de la période pliocène, s'y sont rencontrés à l'époque subséquente, et le moment de leur disparition n'a peut-être pas précédé l'établissement de l'homme sur ce continent.

Il est remarquable que la progression des diverses espèces vers l'orient a été successive comme leur apparition. Les proboscidiens du *miocène moyen* (*D. Cuvieri*, *M. angustidens*, *M. tapiroïdes*) paraissent s'être arrêtés vers le centre de notre Europe. Ceux du *miocène supérieur* (*D. giganteum*, *M. longirostris ?*) auraient fait un pas de plus vers l'orient ; enfin ceux du pliocène (*M. arvernensis*, *M. Borsoni*, *E. meridionalis*) auraient passé jusqu'à l'extrême limite de l'Europe actuelle, et peut-être même franchi la chaîne de l'Oural pour pénétrer dans la Sibérie.

Dans la période post-pliocène, la marche migrative des proboscidiens aurait eu lieu dans une direction à peu près inverse, s'il faut chercher dans le nord de l'Asie le point de diffusion originaire de l'*Elephas primigenius*, et si l'on admet d'autre part que l'*E. africanus* a anciennement habité le centre de l'Europe.

La France, l'Espagne, l'Italie, l'Allemagne, ont fourni des débris de proboscidiens propres aux périodes miocènes, pliocènes et post-pliocènes.

En Angleterre, on n'a trouvé les restes de ces animaux que dans des dépôts pliocènes et post-pliocènes. Une seule espèce du type Mastodonte (*M. arvernensis*) y a été représentée.

L'Afrique septentrionale, qui a pu, dans ces temps reculés, se trouver rattachée à l'Europe par la Sicile, a également fourni des débris de deux proboscidiens du pliocène (*M. arvernensis ?* et *E. antiquus ?*) dont le dernier a laissé des traces de son existence dans la Sicile même, aux environs de Palerme.

Dans le continent asiatique, l'apparition des animaux de l'ordre des proboscidiens aurait été plus tardive qu'en Europe, si l'on doit rapporter au miocène supérieur la faune des monts Sivalicks ; mais les trois genres s'y sont montrés simultanément, et chacun d'eux sous plusieurs formes spécifiques : deux Dinotherium, quatre Mastodontes et six Éléphants. Un de ces Éléphants (*E. insignis*) a passé dans la période suivante du pliocène où il s'est retrouvé avec une autre espèce (*E. namadicus*) du même type. D'un autre côté, on remarquera que le type des Éléphants s'est manifesté dans l'Asie à une époque plus ancienne (miocène supérieur) qu'en Europe où il n'a paru que dans la période pliocène.

Les dernières publications de M. le professeur Leidy, de Philadelphie, viennent de nous révéler l'existence dans l'Amérique du Nord d'une faune pliocène où figurent une nouvelle espèce de Mastodonte (*M. mirificus*) et un très grand Éléphant (*E. imperator*). Ces deux proboscidiens y sont accompagnés d'un Rhinocéros, type aujourd'hui étranger à ce continent, mais qui s'y était trouvé antérieurement représenté par deux petites espèces dans la faune du *miocène inférieur* de la Nebraska.

Trois autres proboscidiens ont vécu dans l'Amérique du Nord pendant la période post-pliocène ou quaternaire ; ce sont l'*Elephas americanus* que M. Leidy considère comme étant distinct de l'*E. primigenius*; l'*E. Columbi*, Falc., des États du Sud et du Mexique, et le *Mastodon ohioticus* que quelques auteurs supposent avoir été contemporain des premiers hommes qui se sont établis dans cette région du globe.

Dans l'Amérique du Sud, deux formes spécifiques du genre Mastodonte se montrent dans des dépôts *post-pliocènes*; mais peut-être se sont-elles aussi retrouvées dans des formations plus anciennes et rapportables à l'âge précédent ou pliocène. Quant au type Éléphant, il n'y est encore indiqué que par le seul fragment déjà cité d'une molaire à lames épaisses, rapporté de Cayenne par le capitaine Perret.

Tableau synoptique de la distribution géographique et stratigraphique des proboscidiens en Europe.

ESPÈCES.	HORIZON GÉOLOGIQ.	DISTRIBUTION GÉOGRAPHIQUE.
1. *Dinotherium giganteum*, Kaup.	Miocène supérieur.	France, bassin du Rhône ? — Hesse rhénane. — Grèce. — Podolie.
2. *D.*, sp. ?	Miocène moyen. . .	France centrale et méridionale.
3. *D.* ? *bavaricum*, H. de Meyer.	Miocène moyen. . .	France centrale et méridionale. — Suisse ?. — Bavière. — Autriche. — Moravie.
4. *D. Cuvieri*, Kaup.	Miocène moyen. . .	France centrale et méridionale.
5. *Mastodon Borsoni*, Hays.	Pliocène.	France centrale. — Italie. — Valachie. — Petite Tartarie. — Sibérie ?.
6. *M. tapiroides*, Cuvier. . .	Miocène supérieur ?.	A OEningen, Suisse.
	Miocène moyen. . .	France centrale et méridionale. — Suisse (Zurich).
	Miocène moyen ou inférieur ?.	Espagne, San-Isidro, près de Madrid.
7. *M. pyrenaicus*.	Miocène supérieur ?.	Val d'Arno, en Toscane.
	Miocène moyen. .	France méridionale (et centrale ?). — Bavière ?.
8. *M. angustidens*, Cuvier. .	Miocène supérieur ?.	Val d'Arno, en Toscane.
	Miocène moyen. . .	France. — Suisse. — Bavière. — Autriche. — Moravie. — Espagne.
	Miocène moyen ou inférieur ?.	Espagne, à San-Isidro et dans les lignites de Brihuega.
9. *M. arvernensis*, Croizet et Jobert.	Pliocène.	Angleterre. — France. — Italie. — Autriche. — Volhynie. — Au pied du Caucase. — Petite Tartarie ?.
	Pliocène ou miocène supérieur ?.	Espagne, lignites d'Alcoy, sp. ?.
10. *M. longirostris*, Kaup. .	Miocène supérieur. .	Hesse-Rhénane. — Grèce, sp. ?.
11. *Elephas meridionalis*, Nesti.	Pliocène.	Angleterre. — France. — Italie. — Podolie ?. — Sibérie ?.
12. *E. antiquus*, Falconer. .	Pliocène et post-pliocène ?.	Angleterre. — France. — Suisse. — Italie — Sicile. — Afrique septentrionale ?.
13. *E. primigenius*, Blumenbach.	Post-pliocène. . . .	Le nord de l'Asie et l'Europe entière, sauf la Sicile et l'Espagne, ou sa présence n'a pas encore été constatée.
14. *E. africanus fossilis*. . .	Post-pliocène. . . .	France. — Allemagne. — Italie ?. — Espagne. — Afrique septentrionale.

Explication des figures (1).

PLANCHE XIII. GENRE *Dinotherium*.

Les pièces en nature qui ont servi de modèle au dessinateur pour recomposer, dans les figures 1 et 2 de cette planche, les séries théo-

---

(1) Les deux premières planches sont l'œuvre de mon jeune et très regretté confrère, Paul de Berville, membre de la Société géologique de France, qu'une mort prématurée a enlevé à ses nombreux amis et à la science qui lui devait déjà un intéressant travail sur des crustacés

riques de première et de seconde dentition, sont de provenances
diverses et probablement aussi d'espèces distinctes; mais on s'est attaché à ramener uniformément toutes ces dents aux proportions du
Dinotherium giganteum, avec réduction à demi-grandeur de nature.

Fig. 1. Séries supérieure et inférieure des mâchelières de première
dentition.

a. Première mâchelière de lait vue du côté interne, d'après une
dent des faluns de Pontlevoy (Loir-et-Cher) qui m'a été obligeamment
communiquée par M. l'abbé Bourgeois. Cette dent pourrait, à raison
de ses dimensions très réduites, être attribuée au *Dinotherium Cuvieri* qui est l'espèce la plus commune dans les faluns de la Loire et
dans les graviers de l'Orléanais.

b. Deuxième supérieure de lait, d'après une autre dent de même
origine et aussi de la collection de M. l'abbé Bourgeois.

c. Troisième supérieure de lait. Cette dent est empruntée au fragment de maxillaire de la figure 3, où on la voit placée en avant de la
première *molaire* de seconde dentition et au-dessus de la deuxième
prémolaire qui est prête à la remplacer; elle est figurée à moitié de
sa grandeur réelle, et le maxillaire duquel elle est détachée appartient
à la grande espèce ou variété des collines tertiaires subpyrénéennes
(miocène moyen).

a". Germe d'une première mâchelière inférieure de lait, provenant
d'un fœtus ou d'un très jeune individu. Cette première de lait, qui a
été trouvée dans les environs de Simorre (Gers), me paraît rapportable
à la grande espèce du miocène sous-pyrénéen. Dans une dent homologue des faluns de Pontlevoy, mais plus petite, quoique déjà entamée
par la détrition, le lobe antérieur, au lieu d'être comprimé et sub-
tranchant comme on le voit dans le germe ci-dessus, se montre dilaté
et bifide en ligne transverse, et, de plus, la base de sa couronne est
relevée en avant d'un talon denticulé. Cette dernière dent pourrait
être attribuée au *Dinotherium Cuvieri*.

b'. Deuxième inférieure de lait, d'après une dent de la collection
de M. le docteur Noulet, professeur à l'École de médecine de Toulouse
et membre de la Société géologique de France. Cette dent provient des
graviers miocènes de Castelnau-d'Arbieu (Gers). Ses dimensions se
raccordent assez bien avec ce qui reste de son homologue dans la mâchoire inférieure de la figure 4 de cette même planche. Elle reviendrait donc aussi à la grande espèce du bassin sous-pyrénéen.

c'. Troisième inférieure de lait, provenant également du bassin de
la Garonne supérieure; sa couronne est plus courte que celle de la
même dent en place dans la mandibule figure 4. Peut-être cette troisième de lait reviendrait-elle au *Dinotherium bavaricum* ?

---

foasiles. La troisième planche est due au talent depuis longtemps
éprouvé de M. Henry Formant, attaché au laboratoire d'anatomie
comparée du Muséum d'histoire naturelle de Paris.

Fig. 2. Séries supérieure et inférieure des mâchelières de seconde dentition.

A. Première prémolaire supérieure, d'après une dent des graviers miocènes de Castelnau-d'Arbieu (Gers). Cette dent, qui diffère, par quelques détails accessoires, de son homologue dans la grande espèce sous-pyrénéenne, et plus encore de la même dent du *Dinotherium giganteum*, rentrerait, par ses dimensions réelles, dans les proportions du *D. Cuvieri*.

B. Deuxième prémolaire supérieure d'origine inconnue. On voit la même dent par sa base interne dans le maxillaire de la figure 3 où elle est prête à remplacer la dernière de lait.

C. Première molaire supérieure empruntée au maxillaire de la figure 3, et appartenant par conséquent à la grande espèce sous-pyrénéenne. On trouve des dents du même rang dont la troisième colline a moins d'étendue transverse.

D. Deuxième molaire supérieure, d'après une dent d'origine inconnue. La forme de cette dent est à peu près la même dans les diverses espèces, sauf l'espacement plus ou moins grand des collines entre elles. Peut-être en fera-t-on ressortir un caractère distinctif.

E. Troisième molaire supérieure, d'après une dent du *D. giganteum* d'Eppelsheim, dans la Hesse rhénane (miocène supérieur).

A'. Première prémolaire inférieure, de forme et de proportions très variables suivant les espèces et peut-être aussi suivant les individus. Celle figurée ici reviendrait à la grande espèce sous-pyrénéenne. Son lobe antérieur est comprimé, tranchant en avant et sub-bifide dans sa partie moyenne ; il se continue en arrière par une arête longitudinale à bord crénelé qui rejoint un talon très dilaté en contre-bas. Dans les dents du même rang, rapportables par leurs dimensions au *D. Cuvieri*, le premier lobe est dilaté en crête obliquement transverse, de même que le talon qui est moins surbaissé. La même dent se voit en A, par la face interne, dans le mandibule, figure 4, où elle était destinée à remplacer la deuxième de lait.

B'. Deuxième prémolaire inférieure, à collines entamées par la détrition. Cette dent, qui provient du miocène moyen (Hautes-Pyrénées), appartiendrait à la grande espèce de cette région. On la voit encore en germe, par sa face interne, dans la mandibule figure 4 ; en B, sous la troisième de lait qu'elle doit remplacer.

C'. Première molaire inférieure très usée, et dont les deux premières collines, à divisions transverses, sont devenues confluentes. Cette dent, qui a sa troisième colline moins dilatée que les deux antérieures, est empruntée à la mâchoire de Chevilly (Orléanais) devenue le type du *D. Cuvieri*. Dans le *D. giganteum*, la troisième colline n'est pas aussi réduite dans son étendue transverse, non plus que dans la grande espèce sous-pyrénéenne, comme on peut le voir en C, figure 4.

D'. Deuxième molaire inférieure, d'après une dent des graviers de l'Orléanais attribuée au *D. Cuvieri*. On voit la même dent en germe, mais par sa face opposée, en D, dans la mâchoire inférieure figure 4.

E'. Troisième et dernière molaire inférieure, d'après un modèle
en plâtre d'une dent du *D. giganteum* d'Eppelsheim (miocène supérieur), dans la Hesse rhénane. Son talon postérieur est dilaté en crête
transverse, légèrement convexe en arrière et à bord supérieur finement crénelé. Dans une très grosse dent homologue de la Bastide-
d'Armagnac (Gers), décrite et figurée par M. l'abbé Caneto, le talon
est un peu moins dilaté et plus convexe. Cette dernière dent reviendrait à la grande espèce sous-pyrénéenne. Dans le fragment de mâchoire
figuré par M. H. de Meyer sous le nom de *D. bavaricum*, le talon de
cette dernière molaire est contracté en lobe épaissi et déjeté en
arrière. J'ai fait représenter dans la planche XV, figure 4, une dernière molaire des graviers de l'Orléanais qui reproduit les formes et
les proportions de celle figurée par M. de Meyer. Dans le *D. Cuvieri*,
le talon de la dernière molaire inférieure est moins contracté que
celui de la même dent du *D. bavaricum*, mais il est plus épais et
plus détaché que dans la dernière molaire du *D. giganteum*.

Fig. 3. Fragment de maxillaire supérieur gauche, trouvé dans les
environs de *l'Ile-en-Dodon* (Haute-Garonne), et se rapportant à la
grande espèce de cette région sous-pyrénéenne. Ce morceau, figuré à
demi-grandeur et vu du côté interne, montre, en *c*, la troisième de lait
en place. Sa couronne est usée et elle est prête à être remplacée par la
deuxième prémolaire B que l'on voit en dessous. La première molaire
en C avait déjà fait son évolution, mais ses collines ont encore leurs
crêtes crénelées et intactes.

Fig. 4. Cette figure représente par le côté interne la moitié droite
d'une mandibule, recueillie également dans les environs de l'Ile-en-
Dodon (Haute-Garonne) par M. Inchauspé, géomètre et entrepreneur
des travaux d'une route de grande communication se dirigeant vers
Saint-Gaudens. On aperçoit, à l'extrémité infléchie de la mandibule
et au-dessous du point où se termine la symphyse, un reste de la
partie exerte de l'incisive de seconde dentition ou défenses dont le
dessinateur a figuré au trait le prolongement théorique. Ce morceau
nous montre en même temps, dans une phase transitoire de l'évolution dentaire, tous les caractères typiques de la dentition des proboscidiens qui se manifestent dans le genre *Dinotherium* d'une manière
plus complète et plus normale que dans les deux autres genres *Mastodon* et *Elephas*.

On voit, en *a*, la base de la couronne fracturée de la première mâchelière de lait implantée par deux racines. Cette dent serait tombée
sans être remplacée.

En *b*, les deux racines et la base de la couronne également dispa-
rue de la deuxième mâchelière de lait.

En *c*, la troisième de lait dont la couronne porte trois collines à
peine entamées par la détrition.

En A, la première prémolaire vue du côté interne; et devant plus
tard remplacer la deuxième de lait.

6

En B, le germe de la deuxième prémolaire se développant sous la troisième de lait.

En C, la première molaire déjà sortie, et reproduisant dans sa couronne les trois divisions transverses ou collines de la troisième de lait.

En D, le germe de la deuxième molaire déjà aussi développé que celui des prémolaires. Si le prolongement en arrière de cette mandibule n'avait pas été détruit, on y eût indubitablement trouvé les premiers rudiments de la dernière molaire ou dent de sagesse dont l'évolution était plus avancée dans les espèces du genre *Dinotherium* que chez les Mastodontes et les Éléphants.

Ce qui reste de cette mandibule montre qu'elle différait de celle du *D. giganteum*, tant par la hauteur moindre de sa branche dentaire, que par la double inflexion du bord inférieur de l'os qui est rectiligne en arrière de la symphyse dans le *D. giganteum*.

PLANCHE XIV (toutes les figures à demi-grandeur, sauf la figure 6 qui est au tiers).

Fig. 4. Première dentition du *Mastodon angustidens*.

a. Incisive supérieure de lait, à couronne comprimée et recouverte d'émail. Cette dent ressemble beaucoup à l'incisive de lait de l'Éléphant actuel d'Afrique. Dans l'Éléphant vivant de l'Inde, l'incisive de lait a sa couronne renflée en tubercule gemmiforme.

b. Première mâchelière supérieure de lait.

c. Deuxième supérieure de lait.

d. Troisième supérieure de lait. Les trois mâchelières figurées dans cette série ont appartenu au même individu. La première a sa couronne moins usée que la seconde, ce qui indiquerait que l'évolution et l'entrée en exercice de cette seconde de lait auraient précédé la sortie de la première. C'est un fait que j'ai pu vérifier plus directement dans une mandibule de très jeune individu où la deuxième de lait se trouvait déjà en place avant que la première eût franchi le bord alvéolaire. Dans l'Éléphant de l'Inde, suivant les observations de Corse, la première de lait fait toujours son évolution avant la sortie de la deuxième.

a'. Tracé hypothétique en pointillé de l'incisive inférieure de lait. Cette dent que je n'ai jamais eu occasion d'observer, peut être admise théoriquement dans le *M. angustidens*, attendu que cette espèce était pourvue d'incisives de seconde dentition, permanentes et fonctionnelles comme les supérieures.

b'. Première mâchelière inférieure de lait.

c'. Deuxième inférieure de lait.

d'. Troisième inférieure de lait. Les deux séries de mâchelières de lait sont du côté gauche, ce qui fait que les supérieures sont vues par leur face interne et les inférieures par leur face externe.

Les mâchelières de lait du *M. tapiroides* qui ont été retrouvées sont construites sur le même plan que celles du *M. angustidens*. Dans les *M. arvernensis* et *M. longirostris* qui appartiennent à la section des *Tetralophodon* de Falconer, la couronne des premières de lait, tant supérieure qu'inférieure, est de forme et de composition analogues à celles des mêmes dents de *M. angustidens*; mais dans les deuxième et troisième de lait des espèces ci-dessus (*M. arvernensis* et *M. longirostris*), la couronne de chacune de ces dents porte une rangée de mamelons de plus que celle des mâchelières homologues dans les *M. angustidens*, *M. tapiroides* et autres espèces de la section des *Trilophodon* de Falconer.

Fig. 2. Deuxième dentition du *Mastodon angustidens*.

A. Incisive supérieure ou défense où l'on voit la bande d'émail qui contourne en spirale la face concave de cette dent.

B. Première prémolaire supérieure.

C. Deuxième prémolaire supérieure.

D. Première molaire supérieure.

E. Deuxième molaire supérieure.

F. Troisième et dernière molaire supérieure. Toutes ces dents appartiennent au maxillaire gauche, et par conséquent elles sont vues du côté interne.

A'. Incisive inférieure de seconde dentition, à bulbe persistant comme la supérieure, mais sans traces d'émail sur aucune de ses faces.

B'. Première prémolaire inférieure.

C'. Deuxième prémolaire inférieure.

D'. Première molaire inférieure.

E'. Deuxième molaire inférieure.

F'. Troisième ou dernière molaire inférieure. Ces dents appartiennent à la moitié gauche de la mandibule ; elles sont donc vues par leur face externe.

Les première, deuxième et troisième molaires des *M. arvernensis* et *M. longirostris*, ont chacune une rangée de mamelons en plus que dans le *M. angustidens*.

Fig. 3. Palais renversé du *Mastodon angustidens* dans une phase de dentition qui nous montre :

En A, la première prémolaire supérieure du côté droit ;

En B, la deuxième prémolaire du même côté ;

En C, la première molaire dont la couronne est plus usée que celle des prémolaires, ce qui indique qu'elle était déjà en exercice avant que ces prémolaires eussent remplacé par évolution verticale les pénultième et dernière mâchelières de lait ;

En D, la deuxième prémolaire du côté gauche ; le maxillaire fracturé en avant ne nous a pas conservé la première de ce côté.

En E, la première molaire ;

En F, la deuxième molaire prête à entrer en exercice.

Fig. 4. Moitié droite, vue du côté interne, de la mandibule d'un sujet plus jeune que celui auquel appartenait le palais de la figure 3. Cette mâchoire, tronquée en avant, avait perdu sa symphyse tout en-

tière dont le prolongement, dans cette espèce, est double de l'étendue
du bord alvéolaire des mâchelières. On aperçoit :

En *a*, le fond de l'alvéole où atteignait l'extrémité de la racine de
la première mâchelière de lait qui, dans les Mastodontes comme chez
les *Dinotherium*, n'est jamais remplacée par une prémolaire ;

En *b*, la deuxième mâchelière de lait dont les racines sont presque
entièrement absorbées, et qui se trouvait à la veille d'être remplacée
par la première prémolaire que l'on voit immédiatement au dessous ;

En *c*, la troisième de lait qui a sa couronne en grande partie usée,
mais dont les racines sont encore à peu près entières ;

En A, la première prémolaire prête à prendre la place de la
deuxième de lait ;

En B, le germe de la deuxième prémolaire se développant entre les
racines de la troisième de lait ;

En C, la première molaire dont les deux rangées antérieures sont
déjà entamées par la détrition, ce qui porte à sept le nombre de rangées en exercice simultané, et c'est le cas le plus ordinaire à tout âge
et dans toutes les espèces de Mastodontes ;

En E, la mâchoire tronquée dans cet endroit laisse encore apercevoir une partie de la cavité alvéolaire où se développait le germe de
la deuxième molaire qui n'a pas été retrouvée.

Ce morceau fournit la démonstration la plus complète du mode de
succession des dents dans les espèces de Mastodontes, chez lesquelles
il se développait des *prémolaires* ou dents de remplacement à évolution
verticale. En rapprochant cette figure de la figure 1 de la planche XIII,
on voit que tout se passait dans ces Mastodontes absolument comme
dans le genre *Dinotherium*, c'est-à-dire qu'il n'y avait pas de prémolaire de remplacement pour les premières de lait, et que les deuxième
et troisième de lait étaient remplacées chacune par une dent plus
simple de composition. C'est sans doute faute d'avoir eu à sa disposition des pièces aussi probantes, que mon savant ami M. Kaup s'est
trouvé conduit à supposer (voy. *Beitr. zur nach.*, 1857) que les première et deuxième de lait étaient remplacées par les deux prémolaires
dont il a connu l'existence, mais que la troisième de lait n'avait point
de successeur vertical.

Tous les morceaux du *Mastodon angustidens* figurés dans cette
planche, proviennent des collines tertiaires (miocène moyen) des environs de Simorre (Gers).

Fig. 5. Fragment de maxillaire d'un jeune *M. longirostris* d'Eppelsheim (miocène moyen), dans la Hesse rhénane. Ce morceau présente en série les trois mâchelières de lait au-dessus desquelles j'ai
fait figurer, d'après les modèles en plâtre donnés par M. Kaup au
Muséum d'histoire naturelle de Paris, les deux prémolaires ou dents
de remplacement propres à cette espèce.

a. Première mâchelière de lait à quatre tubercules inégaux disposés
sur deux rangées, à peu près comme dans le *M. angustidens*.

b. Deuxième de lait à trois rangées de mamelons, c'est-à-dire une
de plus que dans le *M. angustidens*.

c. Troisième de lait à quatre rangées de mamelons ; une de plus que dans le *M. angustidens*.

A. Première prémolaire à quatre tubercules, avec talon en avant et bourrelet crénelé à la base interne. C'est par une dent semblable que devait être remplacée la deuxième de lait.

B Deuxième prémolaire destinée à remplacer une troisième de lait. Ces deux prémolaires sont construites à peu près dans le même plan que celle de *M. angustidens*.

Fig. 6. Fragment de mâchoire d'*Elephas planifrons* (espèce fossile de la faune des monts Sivaliçks), chez lequel MM. Falconer et Cautley ont signalé le développement effectif de deux prémolaires ou dents de remplacement vertical. On voit, en A, une de ces prémolaires en place sur le bord alvéolaire. Cette figure, empruntée aux illustrations de la *Fauna sivalensis*, est réduite au tiers de la grandeur de nature.

PLANCHE XV. DIVERS PROBOSCIDIENS (tous les morceaux de cette planche sont figurés à demi-grandeur de nature).

Fig. 1. Dernière molaire inférieure droite du *Dinotherium bavaricum ?*. Son talon, nettement détaché de la deuxième colline, est en même temps plus contracté et plus déjeté en arrière que dans les autres espèces du genre. Longueur de la couronne de cette dent. 0,082 : largeur entre les deux collines, 0,061.

Fig. 2. Dernière molaire inférieure droite du *Mastodon Borsoni* des environs d'Autrey (Haute-Saône). La hauteur des collines est égale à l'épaisseur de leur base. Les vallons qui les séparent sont largement ouverts et entièrement libres. Longueur de la couronne, 0,170 ; largeur entre les deuxième et troisième collines, 0,090.

Fig. 3. Dernière molaire inférieure droite du *M. tapiroides* des environs de Simorre (Gers). La hauteur des collines dépasse l'épaisseur de leur base. Les vallons qui les séparent sont en partie interceptés par une arête récurrente tuberculée dans le fond. La base interne de la couronne est entourée d'un collet saillant. Longueur de la couronne, 0,205 ; largeur entre les deuxième et troisième collines, 0,083.

Fig. 4. Dernière molaire inférieure droite de *M. pyrenaicus* des environs de l'Ile-en-Dodon (Haute-Garonne). Cette espèce forme le passage du type à dents *tapiroides* au type à dents *mamelonnées*. La moitié antérieure de la dent a ses vallons en partie interceptés par des tubercules intermédiaires. Les vallons qui séparent les deux collines subtapiroïdes de la partie postérieure restent entièrement libres. Longueur de la couronne de cette dent qui provient d'un petit individu, 0,155 ; largeur entre les deuxième et troisième collines, 0,070.

Fig. 5. Autre dernière molaire inférieure droite de la même espèce, mais de plus grande dimension, des environs de Saint-Frajou (Haute-Garonne). La détrition a produit sur ses premières collines des figures en trèfles irréguliers. Son talon postérieur est plus dilaté que dans le précédente. Longueur de la couronne, 0,220 ; largeur entre les deuxième et troisième collines, 0,095.

Fig. 6. Dernière molaire supérieure droite de *M. angustidens* des environs de Simorre (Gers). Cette dent a dû appartenir à un très petit individu. Il n'est pas rare de trouver entre les dents homologues de cette espèce des différences en dimension qui vont presque du simple au double. Longueur de la couronne, 0,117 ; largeur entre les deuxième et troisième collines, 0,050.

Fig. 7. Dernière molaire supérieure droite de *M. arvernensis* des environs de Lyon. Ses mamelons sont moins gros à leur base et plus élancés que dans le *M. angustidens*. Les vallons sont plus complétement interceptés par les tubercules intermédiaires qui s'élèvent presqu'au niveau des mamelons principaux. Longueur de la couronne, 0,182 ; largeur entre les deuxième et troisième collines, 0,083.

Fig. 8. Dernière molaire supérieure droite de *M. longirostris* d'Eppelsheim (Hesse rhénane). Les cinq rangées de mamelons dont se compose la couronne de cette dent sont moins hautes et plus régulièrement transverses que dans la précédente. Les mamelons intermédiaires, plus surbaissés et moins nombreux, manquent dans la partie postérieure de la dent dont les derniers vallons restent libres. Ces différences spécifiques deviennent bien plus tranchées dans les molaires inférieures dont les mamelons sont constamment alternants chez le *M. arvernensis*, tandis qu'ils restent disposés en lignes transverses dans le *M. longirostris*. Longueur de la couronne de cette dent, 0,210 ; largeur entre les deuxième et troisième collines, 0,085.

Fig. 9. Dernière molaire supérieure droite de *M. pyrenaicus*, provenant du même individu que la molaire inférieure figure 5. Cette dent reproduit, comme celles ci-dessus mentionnées de la même espèce, les caractères intermédiaires au type *tapiroïde* et au type *mamelonné*. Les parties dessinées en hachures verticales indiquent les points où l'on a restauré cette dent. Longueur de sa couronne, 0,210 ; largeur entre les deuxième et troisième collines, 0,095.

Fig. 10. Arrière-molaire inférieure incomplète d'*Elephas meridionalis* des environs de Randan (Puy-de-Dôme). Cette dent, qui a été donnée au Muséum d'histoire naturelle par M. le docteur Bourjot, se trouve déjà figurée dans l'*Ostéographie* de M. de Blainville.

Fig. 11. Pénultième molaire inférieure gauche d'*E. antiquus*, d'après une figure empruntée aux illustrations de la *Fauna sivalensis* de MM. Falconer et Cautley.

Fig. 12. Pénultième molaire inférieure gauche d'*E. primigenius*, d'après une dent trouvée à Viry-Noureuil (Aisne) et donnée à l'École normale par M. l'abbé Ed. Lambert.

Fig. 13. Reproduction à moitié grandeur de la dent d'*Elephas africanus fossilis*, figurée par Goldfuss dans les *Actes des curieux de la nature*, t, X, pl. XLIV. Il est bon de noter que Goldfuss se décida plus tard, en faisant connaître une seconde dent de la même espèce, à adopter la dénomination *provisoire* d'*Elephas priscus* pour ces dents trouvées à l'*état fossile*. Cuvier, au contraire, hésitait à admettre ces dents comme *fossiles*, par la raison qu'elles ressemblaient à celles d'une espèce vivante. Ainsi, après avoir mentionné une autre dent de même forme trouvée à Aichsted et conservée dans le cabinet de M. Ébel, à Brême, il ajoute : « Quoique d'apparence bien fossile, elle » était remarquable par sa ressemblance avec celles d'Afrique. »

Notes additionnelles.

1° Depuis la présentation de ce travail à la Société géologique, M. Jourdan, de Lyon, de retour d'un voyage d'exploration paléontologique dans le centre et dans le midi de la France, vient de me faire part de quelques observations qui tendraient à modifier l'opinion émise ci-dessus sur l'âge du gisement *dinothérien* d'Aurillac (Cantal). D'après M. Jourdan, les dents de Dinotherium trouvées dans ce gisement appartiennent au *D. giganteum;* il a lui-même recueilli, dans cette localité, des dents d'Hipparion et d'autres espèces qui caractérisent à Eppelsheim (Hesse rhénane) et à Pikermi, en Grèce, le miocène supérieur. M. Jourdan a également constaté à Montredon, près de Bize (Aude), l'association des restes d'un Dinotherium avec l'Hipparion.

2° J'ai aussi reçu de notre savant confrère, M. B. Gastaldi, de Turin, une lettre qui confirmerait ce que j'ai dit de l'absence des prémolaires ou dents de remplacement verticales dans le *Mastodon arvernensis*. M. Gastaldi, devenu récemment possesseur d'une portion de mandibule portant les première et deuxième mâchelières de lait inférieures, a bien voulu, à ma prière, pratiquer dans l'os de cette mâchoire, sous la deuxième de lait, une ouverture qui lui permît de vérifier s'il existait un germe de prémolaire ou dent de remplacement. L'exploration minutieuse à laquelle il s'est livré ne lui a laissé apercevoir aucun vestige d'évolution dentaire quelconque entre les racines bien développées et parfaitement intactes de la deuxième mâchelière de lait. Notons encore que la détrition de cette dent est autant et plus avancée que celle des dents homologues du *M. angustidens*, sous lesquelles nous avons constamment observé les germes bien développés des prémolaires.

Sa couronne est également beaucoup plus usée que celle de la
deuxième de lait implantée dans le maxillaire d'Auvergne (*M. arvernensis*) sur lequel MM. Croizet, Laurillard et Falconer avaient
cru apercevoir les restes de l'alvéole d'une prémolaire verticale.

3° L'extension d'habitat de l'*Elephas meridionalis* vers l'extrémité orientale de la Russie d'Europe et jusque dans la Sibérie,
que j'ai mentionnée avec réserve, peut encore s'appuyer sur l'observation d'un nouveau fragment de molaire appartenant certainement à cette espèce, et que M. Ravergie a reçue de Saint-Pé-
tersbourg avec un envoi de minéraux. Ce morceau est incrusté du
même *minerai de fer arénacé* et *ocreux* que Pallas a signalé
comme caractérisant, sur les pentes de l'Oural, le gisement de la
dent du Mastodonte (*M. Borsoni?*) dont il a été plusieurs fois
question dans le cours de cette note. Ainsi, il y a tout lieu de pré-
sumer que là, comme dans l'Europe méridionale, ces deux grandes
espèces de proboscidiens ont vécu contemporainement pendant la
période pliocène.

Paris. — Imprimerie de L. MARTINET, rue Mignon, 2.

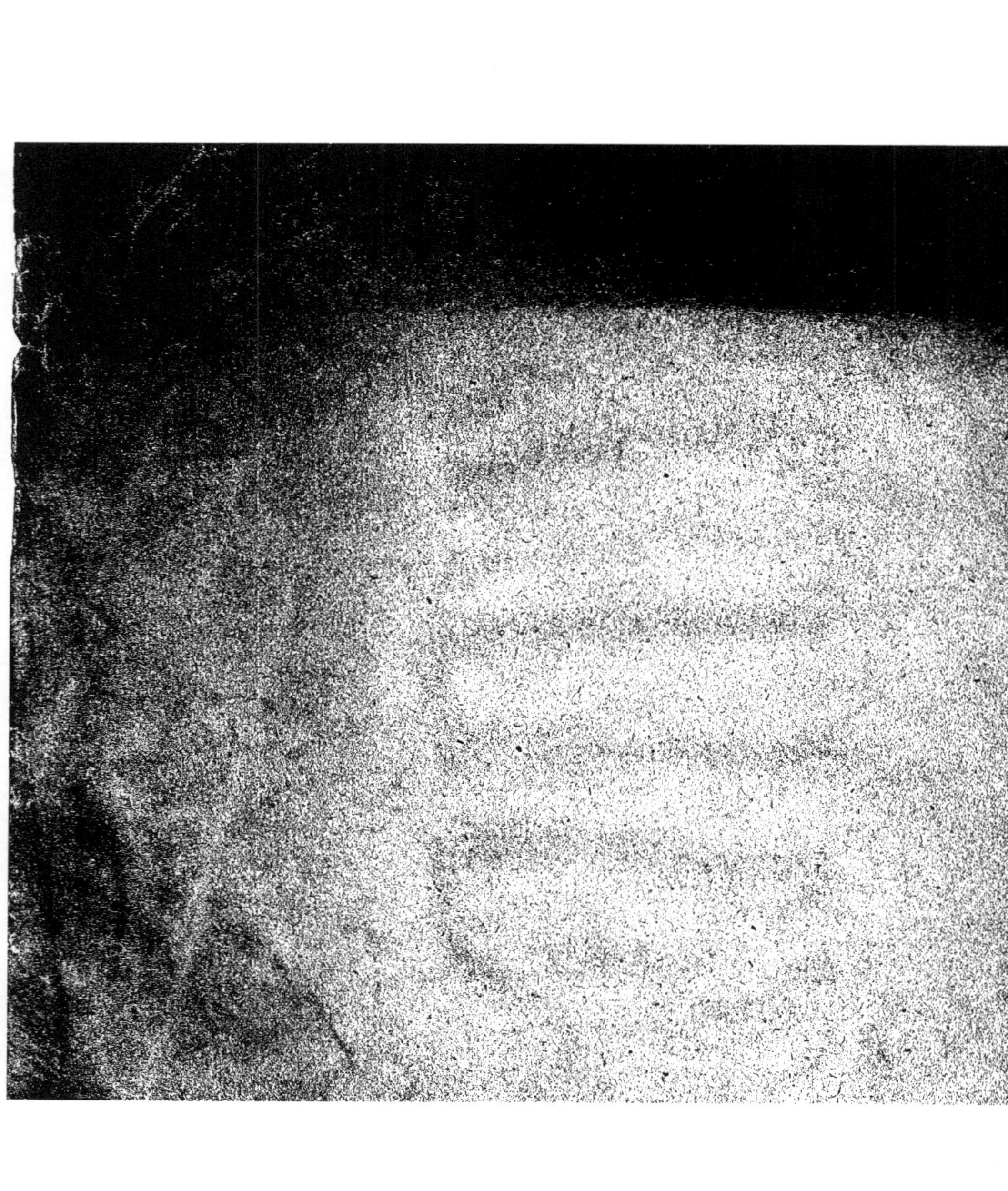